刘薰宇 著

数学的园地

北方联合出版传媒（集团）股份有限公司

万卷出版有限责任公司

© 刘薰宇 2023

图书在版编目（CIP）数据

数学的园地 / 刘薰宇著．—沈阳：万卷出版有
限责任公司，2023.1
ISBN 978-7-5470-5944-9

Ⅰ．①数… Ⅱ．①刘… Ⅲ．①数学—青少年读物
Ⅳ．①O1-49

中国版本图书馆 CIP 数据核字（2022）第 043166 号

出 品 人：王维良
出版发行：北方联合出版传媒（集团）股份有限公司
　　　　　万卷出版有限责任公司
　　　　　（地址：沈阳市和平区十一纬路29号　邮编：110003）
印 刷 者：三河市三佳印刷装订有限公司
经 销 者：全国新华书店
幅面尺寸：165mm×230mm
字　　数：100千字
印　　张：5.25
出版时间：2023年1月第1版
印刷时间：2023年1月第1次印刷
责任编辑：胡　利
责任校对：张　莹
装帧设计：格林文化
ISBN 978-7-5470-5944-9
定　　价：32.00元
联系电话：024-23284090
传　　真：024-23284448

目　录

开场话

　　我在中学三年级学物理的时候，曾经碰过一次物理教员的钉子，现在只要一想到，额上好像都还有余痛。详细的情形已不大记得清楚了，大概是这样的：为了一个什么公式，我不知道它的来源，便很愚笨地向那位教员追问。起初他很和善，虽然已有点儿不大高兴，他说："你记住好了，怎样来的，说来你这时不会懂。"在我那时的呆板而幼稚的心里，无论如何不承认真有说来不会懂的这么一回事，仍旧不知趣地这样请求："先生说说看吧！"他真懊恼了，这一点我记得非常明白，他的脸，发一阵红又发一阵青，他气忿忿地，呼吸很促，手也颤抖了，从桌子上拿起一支粉笔使劲在黑板上写了这样几个字，$\dfrac{\mathrm{d}y}{\mathrm{d}x}$（后来我知道这只是记号，不好单看成几个字），眼睛瞪着我，几乎想要将我吞到他的肚里才甘心似的，"这你懂吗？"我吓得不敢出声，心里暗自想："真是不懂！"

　　从那一次起，我已经被吓得自己只好承认不懂，然而总也不大甘心，常常想从什么书上去找 $\dfrac{\mathrm{d}y}{\mathrm{d}x}$ 这几个奇怪字看。可惜得很，一直过了三年才遇见了它，才算"懂其所懂"地懂了一点。真的，第一次知道它的意义的时候，心里感到无限的喜悦！

　　不管怎样，马马虎虎，我总算懂了，然而我的年龄也大起来了，我已经踏进了被人追问的领域了！"代数、几何，学过了学些什么呢？""微积分是怎样的东西呢？"这类的问题，常常被比我年纪小些的朋友们问到，我总记起我碰钉子时的苦闷，不忍心让他们也在我的面前碰，常常想些似是而非的解说，使他们不全然失望。不过，总觉得这也于心不安，我相信一定可以简单地将它们的大意说明的，只是我不曾仔细地去思索过。新近偶然从书坊店里看见一本《两小时的数学》（Deux Heures de Mathématique），书名很奇特，便买了来。翻读一过，觉得它很够替我来解答前面的问题，因此就依据它，写成这篇东西，算是了却一桩心愿。我常常这样想，数学和辣椒很有些相同，没有吃过的人，初次吃到，免不了要叫要哭，但真吃惯了，不吃却过不得。不只这样，就是吃到满头是汗，两眼泪流，身体上固然够苦，精神上却愈加舒畅。话虽如此，这里却不是真要把这恶辣的东西硬叫许多人流一通大汗，实在还没有吃生葱那样的辣。

有一点却得先声明，数学的阶段是很紧严的，只好一步一步地走上去，要跳，那简直是妄想，结果只有跌了下来。因此，这里虽然竭力避去繁重的说明，但也是对于曾经学过初等的算术、代数、几何，而没有全部忘掉的人说的。因此先来简单地说几句关于算术、代数、几何的话。

算　术

无论哪一个人要走进数学的园地里去游览一番，一进门就碰到的是算术，这是因为它比较容易，也比较简单，所以易于亲近的缘故。话虽这样讲，真在数学的园地里游个尽兴，到后来你要碰到的却又是它了，"整数的理论"就是数学中最难的部分。

你在算术中，经过了加、减、乘、除四道正门，可以看到一座大厅，门上横着一块大大的匾，写的是"整数的性质"五个大字。已经走进这大厅，而且很快地就走了出来，由那里转到分数的庭院去，你当然很高兴。但是我问你：你在那大厅里究竟得到了什么呢？里面最重要的不是质数吗？1，3，5，7，11，13……你都知道它们是质数了吧！然而，这就够了吗？随便给你一个数，比如103，你能够用比较它小的质数一个一个地去除它，除到后来，得数比除数小了还除不尽，你就决定它是质数。这个法子，是很靠得住的，一点不会欺骗你。然而它只是一个小聪明的玩意儿，真要把它正正经经地来用，那就叫你不得不摇头了。倘若我给你的不是 103，而是一个有一百零三位的整数，你还能呆板板地照老法子去决定它是不是质数吗？人寿几何，一个不凑巧，恐怕你还没有试到一半，已经天昏地暗了。那么，有没有别的法子可以决定一个数是不是质数呢？对不起得很，真要问，多请些人到这座大厅里去转去。

在"整数的理论"中，问题很多，得了别的一部分数学的帮助，也解决过一些，所以算术也是在它的领域内常常增加新的建筑和点缀的，不过不及别的部分来得快罢了。

代　数

走到代数的殿堂上，你知道解一次方程式和二次方程式，自然这是再快乐没有了，算术碰见了要弄得焦头烂额的四则问题，只要用一两个罗马字母去代替那所求的数，依着题目的已说明白的条件，立起一个方程式，就可以按照法则求出答案来，真是又轻巧又明白。代数比算术真有趣得多、容易得多！但是，这也只是在那殿里随便玩玩就走了出来的说法，若流连在里面，又将看出许多困难了。一次、两次方程式，总算会解了，一般的方程式怎样解呢？

几　何

几何的这座院子，里面本来是陈列着些直线和曲线的图形的，所以，你最初走进去的时候，立刻会感到一种特别风味，好像它在数学的园地里，俨然是别有天地。但从笛卡尔（Descartes）发现了它和代数的院落的通路，这座院子也就不是孤零零的了。它的内部变得更加充实、富丽起来，莱布尼茨（Leibnitz）用解析的方法也增加了它的滋长、繁荣的力量不少。的确，用二元一次方程式 y=mx+c 表示直线，用二元二次方程式 $x^2+y^2=c^2$ 和 $\dfrac{x^2}{a^2}+\dfrac{y^2}{b^2}=1$ 相应地表示圆和椭圆，实在便利不少。这条路，一经发现，来往行人都可通过，并不是只许进不许出，所以解析数学和几何就手挽手地互相扶助着向前发展。

还有，这条路发现以后，也不是因为它比较便利，几何的院子独自的出路，便悬上一块"路不通行，游人止步"的牌。它自己独立地进展，也一样没有停息。即如里曼（Riemann）就是走老路。题着"位置分析"（Analysis Situs），又题着"形学"（Topobogie）的那间亭子，也就是后来新造的。在里面使你可以看见空间的性质，几何的连续，质的纯粹的性相，你只须用到那"量度"的抽象观念就够了。

总集论（Théorie des Ensembles）

在物理学的园地里面，有着爱因斯坦（Einstein）的相对论原理的新建筑，它所陈列的，是通过性慧由敏感而发明的新定理。像这种性质的宝货，数学的园地当中，也可以找得出吗？在数学的园地里，走来走去，所能够见到的，都只是些老花样、旧古董，不过和游赏一所倾颓的古刹一样吗？

不，绝不！那些古老参天的树干，那些质朴的、从几千百年遗留下来的亭台楼阁，在这园地里，固然是占重要的地位，极容易映到游人的眼里。但倘使你看到了这些还不满足，你慢慢地走进去就可以看出古树林中还有鲜艳的花草，亭楼里面更有新奇的装饰。这些增加了这园地的美感，充实了这园地的生命。由它们就可以使你知道，数学的园地从开辟到现在，没有一天停止过垦殖。在别的各种园地里，可以看见灿烂耀目的新点缀，但也常常可以见到那旧建筑倾跌以后残留的破砖烂瓦。在数学的园地里，却只有欣欣向荣的盛观。这残败的、使人感到凄凉的遗迹，却非常稀少，它里面的一切建筑装饰，都有着很牢固的根底的呀！

数学的园地里，有一种使人感到不可思议的宝物叫作"无限"（L'infini mathématique）。它常常都是一样的吗？它里面究竟包含着些什么，我们能够说明吗？它的意义必须确定吗？

游到了数学的园地当中的一个新的院落，墙门上写着"总集论"三个字的，那里面，就可以给你看这些问题的解答了。这里面是极有趣味的，用一面大的反射镜，可以叫你看到这全个园地和幽邃的哲学的花园的关联以及它俩的通路。三十年来，康托尔（Contor）将超限数（Des nombres transfinis）的意义导出，和那物理的园地中可惊的新建筑，一般的重要而且令人惊异！在本文的最后，就要说到它。

一 第一步

我们来开始讲正文吧，先从一个极平常的例说起。

假如，我和你两个人同乘一列火车去旅行，在车里非常寂寞，不凑巧我们既不是诗人，不能从那些经过车窗往后飞奔的田野树木吸取什么"烟士披里纯"，我们又不是画家，能够在刹那间感到什么自然界的色相的美；我们只有枯坐了，我们会觉得那车子走得很慢；真到不耐烦的时候，也许竟会感到它比我们自己步行还慢；但这全是主观的，就是同样地以为它走得太慢，我们所感到的慢的程度就不一定相等。我们只管诅咒车子跑得不快，车子，它一定不肯甘休，要问我们拿出证据来，这一下子，有事做了，我们两个人就来测量它的速度。

你立在车窗前数那铁路旁边的电线杆——假定它们每两根的距离是相等的，而且我们已经知道了——我看着我的表。当你看见第一根电线杆的时候，你立刻叫出"1"来，我就注意我的表上的秒针在什么地方。你数到一个数目要停止的时候，又将那数叫出，我再看我的表上的秒针指什么地方。这样我们屈指一算，就可以得出这火车的速度。假如得出来的是一分钟走一公里，那么六十分钟，就是一小时，这火车要走六十公里；火车的速度就是每小时六十公里，我们无论怎样，不好说它太慢了。同样地，若是我们知道：一个人十二秒钟可以跑一百公尺，一匹马半点钟能跑十五公里，我们也可以将这人每秒钟的或这马每点钟的速度算出来。

这你觉得很容易，是不是？但，你真要做得对，就是说，你真要得出那火车或人的精确的速度来，实际却很难。比如你另换一个方法，先只注意火车或人从地上的某一点跑到某一点要多少时间，然后用卷尺去量那两点的距离；再计算他们的速度，就多半不会恰好。火车每点钟是走六十公里，人每十二秒钟可跑一百公尺；也许火车走六十公里只要 59 又 $\frac{3}{10}$ 分，人跑一百公尺不过 11 又 $\frac{3}{5}$ 秒。你只要真耐烦，你尽可以去测到几十次或一百次，你一定可看出来，没有几次的得数是全然相同的。所以速度的测法，说起来很简便，做起来，那就很不容易了。你测了一百次，说不一定全没有一次是对的。但这一点关系也没有，即使一百次中有一次是对的，你也没有法子知道究竟是哪一次。归根结底，我们不得不稳妥地说，只能测到"相近"的数。

说到"相近"，也有程度的不同，用的器械——时表、尺子——越精良，"相近"的程度越高，反过来差误就越大。极精密的电时表，测量时间，差误可以小于百分之一秒，我们可以想象，假如再将它弄得更精密，可以使差误小于千分之一秒，或者还要小些；但是，无论怎样小，要使这差误没有，却难能了！

同样地，我们对于一切运动的测量，也只能得相近的数。第一自然是因要测运动，总得测那种运动所经过的距离和它费去的时间；而这距离和时间的测量就只能得到相近的数。还不只这样，运动本身也就是变动的。

假定一列火车由一个速度变到另一个较大的速度，就是变得更快一些，它绝不能突然就由前一个跳到第二个。那么，在这两个速度当中，有多少不同的中间速度呢？这个数目，老实不客气，是无限的呀！而我们的测量的方法，却只容许我们计算出一个有限的数来。我们计算的时候，时间的单位越取得小，所得的结果自然越和真实的速度相近，但无论用一秒钟做单位或十分之一秒钟做单位，在相邻的两秒钟或两个十分之一秒钟的当中，常常总是有无限的中间速度。

能够确切认知的速度原是抽象的！

这个抽象的速度只存在于我们的想象中。

这个抽象的速度,我们能够理会,却不能从经验中得到。在我们能测量的一些速度当中,可以说都有无限的中间速度存在。已经知道我们所测得的速度不精确,而又要用它?这不是在自己骗自己吗?

为了我们的精神不安,要补这个缺陷,需要一个理论上的精确的数目,需要一个容许计算到无限制的相近数的理论,应了这需要,人们就发明了微积分。

哈哈!微积分的发明,是一件很有趣味的事。英国的牛顿(Newton)和德国的莱布尼茨差不多在同一个时候都将它的原理发现了,弄得英国人认为微积分是他们的恩赐,德国人也认为是他们的礼物,各人自负着。其实呢,牛顿是从运动上研究出来的,而莱布尼茨却是从几何上出发,不过殊途同归罢了。这个原理的发现,真是功德无量,现在数学园地中的大部分建筑都用它当台柱,物理园地的飞黄腾达也全仗它。这个发现已有两百年了,它对于我们的科学的思想,着实有伟大的影响。就是说,假使微积分的原理还没有发现,现在的所谓文明,一定不是这样的辉煌,这绝不是夸张的话!

二　速度

朋友，你留神过吗？当你舒舒服服地坐着，因为有什么事要走开的时候，你立起来的头几步一定比较走得慢，然后才渐渐地加快。将到达你的目的地时，你又会慢起来的。自然这是照普通的情形说，赛跑就是例外，那班运动家，在赛跑的时候，因为锦标在前面把他们拉昏了，就是已到了终点，他们还是忘命地跑。不过这时的终点，只是对他们的"锦标到手"的一声叫喊。他们真要停住，总得慢跑几步，不然就得要人来搀扶，不然他们就只好跌倒在地上。这种行动的原则，简直是自然界的大法，不只是你和我才知道，你去看狗跑，你去看鸟飞，你去看鱼游。

还是说火车吧！一列火车，初离站台的时候，动得多么平稳多么缓慢，它的速度往后却渐渐加大又加大地增加起来，在长而直的轨道上奔驰；（注意：轨道弯曲的地方，它是不好过于快的）快要到站了，它的速度就渐渐地减小又减小了，后来才停止在站台边。记好这个速度变化的情况，假使经过两点半钟，火车一共走了一百二十五公里。要问这火车的速度是什么？你怎样回答呢？

我们看见了每一瞬间都在变化的速度，那在某路线上的一列车的一个速度，我们能说出来吗？能全凭旅行人的迟钝的测量回答吗？

再举一个例，然后来讲明速度的意义。用一块平滑的木板，在上面挖一条光滑的长槽，槽边上刻好公分、公寸和公尺各种数目，把一个光滑的小球放在木槽的一端让它自己向前滚出去，看着时表，注意这木球过1、2、3各公尺的时间，假设正好是1秒、2秒和3秒。

这木球的速度是多少呢？在这种简单的情形，这问题很容易回答：它的速度在3公尺的路上总是一样的，每秒钟1公尺。

在这种情形底下，我们说这速度是个常数。而这种运动，我们称它是"等速运动"。

一个人踏了自行车在一条直路上走，若是等速运动，那么，它的速度就是常数。我们测得他8秒钟共走了40公尺。这样，他的速度便等于每秒钟5公尺。

关于等速运动，如这里所举出的球的运动、自行车的运动，或其他相类的运动，要计算它们的速度，这比较容易，只要考察运动所经过的时间和通过的距离，用所得的时间去除所得的距离，就能够得出来；3秒钟走3公尺，速度每秒钟1公尺；8秒钟走40公尺，速度每秒钟5公尺。

再用我们的球来试那种速度不是常数的情形。把球"掷"到槽上，也让它"就势"自己滚出去，我们可以看出，它越滚越慢，终于在5公尺（假设）的一端便停止了。设若它一共经过10秒钟。

这速度的变化是这样，前半最初的速度，比在半路的大，后半却渐渐地减小下去，到了终点便等于零。我们来推究一下，这样子的速度，是不是和等速运动一样地是一个常数？

我们说，它10秒钟走过5公尺；倘若它是等速运动，那么它的速度就是每秒钟 $\frac{5}{10}$ 或 $\frac{1}{2}$ 公尺。但是，我们明明看出，它不是等速运动，所以我们说每秒钟 $\frac{1}{2}$ 公尺是它的"平均速度"。

实际上，这球的速度，先是比每秒钟 $\frac{1}{2}$ 公尺大，中间有一个时候和它相等，以后就比它小了。假如另外有个球，一直用这个平均速度运动，经过10秒钟，也是停止在5公尺的地方。

看过了这种情形，我们再来答复前面关于火车的速度的问题："假使经过两点半钟，火车一共走了125公里，这火车的速度是多少？"

因为这火车不是等速运动，我们只能说出它的平均速度来。它两点半钟一共走了125公里，我们说，它的平均速度，在那条路上是每小时 $2\frac{1}{2}$ 分之125公里，就是每小时50公里。

我们来想象，当火车从车站开动的时候，同时有一辆汽车也开动，而且就是沿了那火车的轨道走，不过它的速度，总不变，一直是每点钟50公里。起初汽车在火车的前面，后来被火车追过去，到最后，它们却同时到停车的站上。这就是说，它们都是两点半钟一共走了125公里，所以每点钟50公里是汽车的真速度而是火车的平均速度。

通常，若知道了一种运动的平均速度，和它所经过的时间，我们就能够计算出它所通过的路程。那两点半钟一共走了125公里的火车，它有一个每点钟50公里的平均速度。倘若它夜间开始走，从我们的时表上看去，一共走了七个钟头，我们就可计算出它大约走了350公里。

但是这个说法，实在太粗疏了！它只是给了一个总集的测量，忽略了它沿路的运动的情形。那么，还有什么方法应用它可以更好地知道那真的速度呢？

倘若我们再有一次新的火车旅行，我们能够从铁路旁边立着的电线杆上看出公里的数目，又能够从时表上看到火车所行走的时间。每走1公里所要的时间，我们都记下来，一直记到125次，我们就可以得出125个平均速度。这些平均速度自然全不相同，我们可以说，现在对于那火车的运动的认识是很详细了。由那些渐渐加大，又渐渐减小的125个不同的速度，在这一段行程中火车的速度的变化的观念，我们大体算是有了。

但是，这就够了吗？火车在每一公里中间，它是不是等速运动呢？倘若，我们能够回答一个"是"字，那自然，上面所得的结果就够了。可惜这个"是"字不好轻易就回答！我们既已知道火车在全行程上不是等速运动，同时却又说，它在每一公里中是等速运动，这种运动的情形实在很难想象得出来；两个速度不相等的等速运动，是没法直接相连接的。所以我们不能不承认火车在每一公里内的速度也有不少的变化。这个变化，我们有没有方法去考查出它来呢？

自然，方法是有的，照前面的老样子，比如说，将一公里分成一千段，假如我们又能够测到火车每走这一小段的时间，那么我们就可得出它在一公里的行程中的一千个不同的平均速度。这很好，对于火车的速度的变化，我们所得到的观念，更是清晰了。倘若，能够将测量弄得更精密些，再将每一小段又分成多少个小小段，得出它们的平均速度来；段数分得越多，我们得出来的不同的平均速度跟着也就一样地多起来；我们对于那火车的速度的变化的观念，也是更加明了。路程的段落越分越小，时间的间隔也就越来越近，所得的结果也就越弄越精密；然而，无论怎样，所得出来的总是平均速度，而且，我们还是不要太高兴了，这种分段求平均速度的方法，若只空口说白话，我们固然无妨乐观一点，可尽量地连续想下去；至于实际要动起手来，那就有个限度了。

若想求物体转动或落下的速度，即如行星运转的速度，我们必须取出些距离，——若那速度不是一个常数，就尽可能地取最小的——而注意它在各距离中经过的时间，因此得到一些平均速度。这一点却须得注意，所得到的只是一些平均速度。

归根结底一句话，所有我们的科学的实验，或日常的经验，都由一种连续而有规律的形式给我们一个有变化的运动的观念。（除了冲击和突然的静止，这些是难让人觉出它们的运动情形的。）我们不能够明明白白地辨认出比较大的速度或比较小的速度当中任何速度的变化。虽是这样，我们可以想象在任何两个相邻的速度中间，总有无量数的中间速度存在着。

为了测量速度起见，我们分割空间成为有规则的一些小部分，而在每一小部分中，注意它所经过的时间，求出相应的"平均速度"，这是上面已说过的方法。空间的段落越小，得出来的平均速度越接近，也就让我们所知道的越近于真实。但，无论怎样，总不能完全达到真实的境界；因为我们的这种想法总是不连续的，而运动却是一个连续的量。

这个方法，只是在测量和计算上能够应用罢了，它却不能讲明我们的直觉的论据。

我们用了计算"无限小"的方法所推证得的结果来调和这论据和实验的差别，这是非常困难的，但是这种困难在很久以前就已很清楚了。即如大家都知道的最老的芝诺（Zeon of Elea），有名的芝诺悖论（Zeon's Paradox）。所谓"飞矢不动"，便是一个好例。既说那矢是飞的，怎么又说它不动呢？这个话，中国也有，《庄子》上面讲到公孙龙那班人的辩术，就引"镞矢之疾也，而有不行不止之时"这一条，不行不止，是怎样一回事呢？这比芝诺的话更还来得玄妙了。从我们的理性去判断，这自然只是一种诡辩，但要找出芝诺的论证的错误，而将它推翻，却也不很容易。

在芝诺，这个矛盾的推论只供它们利用了来否定运动的可能性；他却没有疑心到他的推论的方法，究竟有没有错误。对于我们，这却给了一个机缘，让我们去找寻新的推论方法，并且把一些新的概念，弄得更精密。飞矢不动的这个悖论可以更明白地这样说："飞矢是不动的；因为，在它的行程上的每一刹那，它总占据着某一个有定的地位。所谓占据着一个有定的地位，那就是静止的了。但是一个一个的静止连接在一起，无论有多少个，它都只有生出一个静止的状态来；所以说飞矢是不动的。"

在后面，关于这个从古以来打了不少笔墨官司的芝诺悖论的解释，我们还要重复说到；这里，只要注意这一点，芝诺的推论法，是把时间细细地分成了极小的间隔，使得他的反对派中的一些人推想到，这个帕拉朵克斯的奥妙就藏在运动的连续性里面。运动是连续的，我们从上例中早已明白了。但是，这个运动的连续性，芝诺在他无限地细分时间的间隔的当儿，却将它弄掉了。

连续性这东西，从前，希腊人也知道，不过他们所说的连续性是直觉的，我们现在却讲的是由推论来的连续性。对于解答"飞矢不动"这悖论，很明白地，它很是必要的条件，但是，单只有它并不充足。我们必须要精密地确定"极限"的意义，我们可以看出来，计算"无限小"的时候，就要使用到它的。

照前几段的说法，似乎我们对于从前的希腊哲人，如芝诺之流，很有些失敬了。然而，我们可以认清楚，他们的悖论虽然不合于真理，但他们已经知道表明直觉和推理两样当中的矛盾了！

怎样弥补这个缺憾呢？找出一个实用的方法来，弄得测量一步精密一步，而使所得的结果和真实一步接近一步，是不是就只这样的问题呢？

这本来只是关于机械一方面的事，但以后我们就可以看出来，将来实际所得的结果就是可以更超越于现在的，根本的问题却还是解答不来。因为，方法的研究无论它达到怎样好的程度，总是要和一串不连续的数相连在一起，所以不能表示连续的变化。

真实的解答，是要发明一种在理论上有可能性的计算方法来表示一个连续的运动，它能够在我们的理性上面，严密地讲明这连续性，和我们的精神所要求的一样。

三　函数和变数

科学上所使用的名词，各自都有它的死板板的定义的，不过只是板了面孔来说，真是太乏味了，什么叫函数，我们且先来举个不大合适的例。我想，先把"数"字的意思放宽一些，不必太认真，在这里既不是要算狗肉账，倒也没有什么大妨碍。这么一来，我可以告诉你，现在的社会中，"女子就是男子的函数"。但你不要误会，以为我是在说女子应当是男子的奴隶，奴隶不奴隶，这是另外的问题。我所想说的只是女子的地位是随了男子的地位变的。写到这里，忽然灵机一转，记起了一段笑话，一段戏文上的笑话。有一个穷书生，讨了一个有钱人家的女儿做老婆，因此，平日就以怕老婆出了名。后来，他的运道亨通了，进京朝考，居然一榜及第；他身上披起了蓝衫，许多差人侍候着，回到家里，一心以为这回可以向他的老婆复仇了。哪知老婆见了他，仍然是神气活现的样子。他觉得这未免有些奇怪，便问："从前我穷，你向着我搭架子；现在我做了官，为什么你还要搭架子呢？"

她的回答很妙："愧煞你是一个读书人，还做了官，'水涨船高'，你都不晓得吗？"

你懂得"水涨船高"吗？船的地位的高低，就是随了水的涨落变的，用句数学上的话来说，船的地位就是水的涨落的函数。说女子是男子的函数，也就是同样的理由。在家从父，出嫁从夫，夫死从子，这已经有点像函数的样子了，但还嫌粗略些，我们无妨再精细一点说。女子一生下地来，父亲是知识阶级，或官僚政客，她就是千金小姐；若是父亲是挑粪担水的，她就是丫头；这个地位一直到了她嫁人以后才得改变。这时，改变也很大，嫁的是大官僚，她便是夫人；嫁的是小官僚，她便是太太；嫁的是教书匠，她便是师母；嫁的是生意人，她便是老板娘；嫁的是 x，她就是 y；y 总是赶了 x 变的，自己全作不来主；这种情形，和"水涨船高"真是一样，所以我说，女子是男子的函数，y 是 x 的函数。

不过，这只是一个用来作比喻的例，究竟女子的地位虽然随了她所嫁的男子有什么夫人，太太，师母，老板娘……y 的不同，这只是命运，并非这些人彼此之间骨头真有轻重的差别；所以没法用数量来表示，说是函数，终究有些勉强，真要明了函数的意思，我们还是来正正经经地讲别的例吧！

请你放一支燃着的蜡烛在隔你的嘴一公尺远的地方：倘若你向着那火焰吹一口气，你这口气，就会使得那火焰歪开，闪动，说不定，因为你的那一口气很大，简直就将它吹熄了。倘若你没有吹熄，——就是吹熄了也不打紧，重新点着好了；——请你将那支蜡烛放到隔你的嘴三公尺远的地方：你照样再向着那火焰，吹一口气，它虽然也会歪开，闪动，却没有前一次的来得厉害了。你一点不要怕麻烦，这是科学上的所谓实验的态度，无妨向着蜡烛走近去，又退远开来，你尽吹那火焰，看看它歪开和闪动的情形。你一定不用费什么事，就可以证实你隔那火焰越远，它歪开得越少。在这种情形，我们就说，火焰歪开的程度是蜡烛和嘴的距离的"函数"。

我们还能够决定这个"函数"的性质，我们说这种函数是"降函数"。火焰歪开的程度（函数），当蜡烛和嘴的距离渐渐"加大"的时候，它却逐渐"减小"。

现在，将蜡烛放在一定的地方，你自己也站好不要再走动，这样，蜡烛和嘴的距离便是一定的了。你再来吹那火焰，随着你那一口气的强些或弱些，火焰歪开的程度也就大些或小些。这样看来，火焰歪开的程度，也是吹气的强度的函数。不过，这个函数又是另外一种，性质和前面的有点不相同，我们说它是"升函数"；火焰歪开的程度（函数），当吹气的强度渐渐"加大"的时候，它也逐渐"加大"。

所以，一种现象可以不只是一种情景的函数；即如火焰歪开的程度是吹气的强度的升函数，又是蜡烛和嘴的距离的降函数。在这里，我们有几点，应当同时注意到：第一，火焰会歪开，是因为你在吹它；第二，歪开的程度有大小，是因为蜡烛和嘴的距离有远近同着你吹的气有强弱。倘使你不去吹，它自然不会歪开；即使你去吹，蜡烛和嘴的距离，以及你吹的气的强弱，每次都是一样，那么，它的歪开也没有什么变化。所以函数是随了别的数变的，别的数自己也得先会变才行。穷书生不会做官，他的老婆自然也就当不来太太。因为这样，这种自己变的数，我们称它为变量或变数。火焰歪开的程度，我们说它是倚靠着两个变数的一个函数。在平常的事情中，我们也能够找出这类函数来：你用一柄锤去敲钉子，那锤所加到钉子上的力量，就是锤的重量和它敲下去的速度这两个变量的升函数；还有火炉喷出的热力，就是炉孔的面积的函数。因了炉孔加大，它就渐渐减弱。其他的例子，你只要肯留意，随处都可以碰见。

你会觉得奇怪起来了吧！数学是怎样一种精密深奥的科学，从这种日常生活的事件当中，凭了一点简单的推理，怎么就能够扯到函数的数学的概念上去呢？怎么由我们的常识的解说，也可发现函数的意义呢？我们再来讲一个比较细密一些的例。

我们用一个可以测定它的变量的函数来做例，就可以发现它的数学的意义。在锅里热着一锅子的水，放一支寒暑表在水里面：你注意去观察那寒暑表的水银柱。你守在锅子边，你将可以看出那水银柱的高度，一直是在变动的，经过的时间越长，它长得越高；水银柱的高度，实在就是那水的温度的函数。这就是说，它是依靠着我们所加到那一定量的水的热量的。所以倘若测得了所供给的热量，又测得了那水量，你就能够决定出它们的函数，那水银柱的高来。

对于同量的水，加多了热量上去，或是将同量的热加到较少的水量，这时水银柱一定更要长得高些，这高度我们是有法子可以算出的。

由上面的一些例看来，无论变数也好，函数也好，它们的值都是变动不居的。以后我们所要常讲到的变数中，我们要特别指出一个或几个

来，叫它们是"独立变数"（或者，为了简单起见，就只叫它变数），
别的呢，就叫它们是"倚变数"或这些变数的函数。

对于变数的每一个数值，它的函数，我们都可以有一个相应的数值的。
若是我们知道了变数的数值，就可以决定它的函数的相应的数值时，这
个函数我们就算它是"已知函数"。即如前面的例当中，倘若我们知道
了物理学上所已说明的供给热量到水所起的变化的法则，那么，水银柱
的高度，就是一个已知函数。

我们再说一个顶简单的例，还是回到等速运动上面去。有一个小孩子，
每分钟可以爬五尺远，他所爬的距离就是所爬时间的函数。假如他爬的
时间的分数，我们用 t 来代表，那么他爬的距离便是 t 的函数。在初等
代数上，你已经知道这个距离和时间的关系，可以用下面的式子来表示：

d=5t

若是照函数的表示法，因为 d 是 t 的函数，所以又可以用 F（t）来
代表 d，那就写成：

F（t）=5t

从这个式子，我们若是知道了 t 的数值，它的函数 F（t）的相应的
数值也就可以求出来了。比如这个在地上爬的小孩子就是你的小弟弟，
他是从你家大门口一直爬出去的，恰好你家的对面十来丈的地方有一条
小河。你坐在家里，一个朋友从外面跑了来说是看着你的弟弟从门边向
小河正爬了去。他从看着到和你们说话的时候正好三分钟。那么，你一
点不用慌张，你的小弟弟一定还不会掉到河里。因为你既知道了 t 的数
值是 3，那么 F（t）相应的数值便是五三一丈五公尺，距那隔你家十来
丈远的河正远远着呢！

以下常要讲到的函数，我们在这里来说明而且规定它的一个重要性
质，这性质，就叫作函数的"连续性"。

在我们上面所举出的函数的一些例里面，那函数都受着变数的连续
的变化的支配，跟着从一个数值变到另一个数值，也是"连续的"。在
两头的数值当中，它经过了所有那里面的一切中间数值。比如，水的温
度连续地加高起来，水银柱的高，它也连续地从最初的高度，经过所有
中间的高度，达到最后的一步。

你试取两桶温度相差不多的水：例如，甲桶的是 30 摄氏度，乙桶的是 32 摄氏度。各放一支寒暑表到里面，水银柱的高前者是 15 公分，后者是 16 公分。这是非常明白的，对于两度温度的差（这是变数），相应的水银柱的高（函数）的差是 1 公分。设若你将乙桶的水，凉到 31.6 摄氏度，那么，这支寒暑表水银柱的高是 15.8 公分，而水银柱的高的差就变成 0.8 公分了。

这件事情是很明白的：乙桶水自 32 摄氏度降到 31.6 摄氏度中间所有的温度的差，相应的两支水银柱的高的差，是在 1 公分和 0.8 公分当中。

这话也可以反过来说，我们能够弄得两支水银柱的高的差（也是随我们要怎样的小都可以的，比如是 0.4 公分）相应到某个有定的温度的差（比如 0.8 摄氏度）；但是，如果我们无论怎样弄法，永远不能使那两桶水的温度的差小于 0.8 摄氏度，那么两支水银柱的高的差也就永远不会小于 0.4 公分了。

最后，若是两桶水的温度相等了，那么，一样的，两支水银柱的高也齐了。假设这温度是 31 摄氏度，相应的水银柱的高，便是 15.5 公分；我们必须要把甲桶水加热上去，到 31 摄氏度，而把乙桶水凉了下来也到 31 摄氏度；两支寒暑表的水银柱，一个是上升，一个却是下降，结果都到了 15.5 公分的高度。

推到一般的情形去：我们考查一个"连续"函数的时候，我们就可以证实下面的性质：当变数挨近一个定值的时候，或者说得更好一点，"伸张到"一个定值的时候，那函数也"伸张"，经过一些中间值，"达到"一个相应的值，而且总是达到这个同一的值；不但这样，它要达到这个值，那变数也就必须达到它的相应的值；还有，当变数保守着一定的值时，函数也保持着那相应的一定的值。

这个说法，就是"连续函数"的精密的数学的定义。由物理学的研究，我们证明了这个定义对于物理的函数是恰合的。尤其是运动，它表明了连续函数的性质：运动所经过的空间，它是一个时间的函数，只有冲击和反击的现象，是例外。再说回转去：我们由实测上不能得到的运动的连续，我们的直觉却有力量使我们感到它。怎样的光荣呀，我们的直觉！它能结出这般丰盛的果实！

四　无限小的变数——诱导函数

现在还是来说关于运动的现象。有一条大路或是一条小槽，在那条路上面有一个轮子正转动着，或是在这小槽里边有一个小球正滚着，倘若我们想找出它们运动的法则，并且要计算出它们在进行中的速度，比前面的还要精密些的方法，究竟有没有呢？

将就以前说过的例，本来也可以再讨论下去，不过为着简便起见，我们无妨将那个做例的特别的情形放到一般的情况。用一条线表示路径，用一些点来表示在这路上运动的东西。这么一来，我们所要研究的问题，就变成一个点在一条线上的运动的法则和这个点在进行中的速度了。

索性更简单些，就用一条直线来表示路径：这一条直线，从 O 点起，它无限地向着箭头所指示的方向延长出去。

在这条直线上，依着同一方向，有一点 P 连续地运动，它运动的起点也就是 O，这一个尽管动得不停的 P 点，我们能够知道它在那直线上的位置吗？是的，只要我们知道在每个时间 t，这个动着的 P 点间隔 O 点多远，那么，这位置也就能确定了。

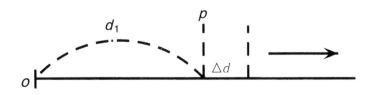

和从前的例一样，连续运动在空间的径路是时间的一个连续函数。

先假定这个函数是已经知道了的；不过这并不能就解决了我们所要讨论的问题。我们还不知道在这运动当中，P 点的速度究竟是怎样，也不知道这速度有些什么变化。这样一把你提醒，你将要失望了，将要皱眉头了，是不是？

且慢慢地，你不用着急，我们请出一件法宝来帮助一下，这些问题，就迎刃而解了！这是一件什么法宝呢？以后你就可以知道的，先只说它的名字叫着"诱导函数法"。它真是一件宝货，它便是数学园地当中，挂有"微分法"这个匾额的那座亭台的基石。

"运动"本来不过是从时间和空间的关系的变化认识出来的。不是吗？你倘若老是把眼睛闭着，尽管你心里只是不耐烦，觉得时间真难熬，大有度日如年之感，但是一只花蝴蝶在你的面前翩跹地飞着，上下左右地回旋，你哪儿会知道它在这么有兴致地动呢？原来，你闭了眼睛，你面前的空间有怎样的变化，你真是茫然了。同样地，倘使，空间尽管有变化，但你根本就没有时间的感觉，你也没有法子理解"运动"是怎么一回事！倘若对于测得的时间 t 的每一个数，或者说得更好一些，对于时间 t 的每一个数值，我们都能够计算出距离 d 的数值来；这就是某种情形当中的时间和空间的关系的变化已经被我们认识出来；那运动的法则，我们也就算得已经知道了！我们就说：

"距离是时间的已知函数，简便一些，我们说 d 是 t 的已知函数，或者写成 $d=f(t)$。"

对于你的小弟弟在大门外地上爬的例，这公式就变成了 $d=5t$，另外随便举个例，比如 $d=3t+5$；这，我们就有了两个不相同的运动法则，假如时间用分计算，距离用尺计算，在第一个式子，时间若 t 是 10 分钟，那么距离 d 就得是 50 尺。但在第二个式子，$d=3t+5$ 所表示的运动的法则，10 分钟的结尾，那距离却是 $d=3×10+5$ 便是距出发点 35 尺。

来说计算速度的话吧！先须得注意，和以前说过的一样，要能计算无限小的变动的速度，换句话说，就是要计算任何刹那的速度。

为了表示一个数值是很小的，小得与众不同，我们就在它的前面写一个希腊字母 Δ（delta）。所以 Δt 就是表示一个极小极小的时间的间隔，在这个时间当中，一个运动的东西所经过的路程自然很短很短，我们就用△l表示。

现在我问你，那P点在时间△t的间隔中，它的平均速度是什么？你大约没有忘掉吧！运动的平均速度等于用这个运动所经过的时间去除它所经过的距离；所以这里，你可以这样回答我：

平均速度 $\overline{v} = \dfrac{\Delta d}{\Delta t}$

这个回答一点没有错，虽然现在时间的间隔和空间的距离都是很小很小，但要求这个很小的时间当中，运动的平均速度，还是只有这么一个老法子。

平均速度！平均速度！这平均速度，一开始不是就和它纠缠个不清吗？不是觉得对于真实的运动情形，它无论怎样总表示不出来吗？那么，我们为什么这里还要说到它呢？不过，这里所说的平均速度，因为时间和空间所取的数值都很小的缘故，很有点用场。要得出真的速度而非平均的，要那运动只是一刹那间的，而非延续在一个时间的间隔当中的，我们只须把△t无限制地减小下去就行了。

我们先记好了前面已经说过的连续函数的性质，因为在一刹那t，运动的距离是d，在和t非常相近的时间，我们用t+△t来表示，那么，相应地就有一个距离d+△d和d也就非常相近；并且△t越减小，△d跟着也是越小下来。

这样一来，当我们所测定的时间，数目非常的小，差不多和零相近的时候，它会生出什么结果呢？换句话说，就是使时间t近于0的时候，这个 $\frac{\Delta l}{\Delta t}$ 的比却变动得很微小。因为前项△l和后项△t虽则变动，但它们的比却差不多一样。

平均速度 $\frac{\Delta d}{\Delta t}$ 这个关系，因为△t同△d无限地减小下来，它慢慢一点点地变去，终于就会到了一个和定值v相差几乎是0的地步。在这种情形，我们就说：

"当△t和△d近于0的时候，V是这个比 $\frac{\Delta d}{\Delta t}$ 的比的极限（limite）。"

$\frac{\Delta d}{\Delta t}$ 既是平均速度，它的极限v就是在时间的间隔和相应的空间，都近于0的时候，平均速度的极限。

结果，v便是在一刹那t动点的速度。将上面的话，联合起来，我们可以写成：

V= $\lim\limits_{\Delta t \to 0} \frac{\Delta d}{\Delta t}$（$\Delta t \to 0$ 表示 Δt 近于 0 的意思）

找寻 $\frac{\Delta d}{\Delta t}$ 的极限值的计算方法，我们就叫它是诱导函数法。

极限值 v 也有一个不大顺口的名字，叫作"空间 d 对于时间 t 的诱导函数"。

有了这个名字，我们说起速度来就便当了。什么是速度？它就是"空间对于一瞬的时间的诱导函数"。

我们又可以回到芝诺的"飞矢不动"的悖论去了。对于他的错误，在这里还能够加以说明。芝诺所用来解释他的悖论的方法，无论它怎样巧妙，但是横在我们眼面前的事实，总叫我们不能相信飞矢是不动的。你总看过变戏法吧！你明知道，那些使你看了吃惊到目瞪口呆的玩意儿都是假的，但你总不能找出它们的漏洞来。我们若没有正确的理由来攻破芝诺的推论，那么，对于他这巧妙的悖论，也只好怀着一个看戏法时所有的吃惊的心情了。

现在，我们再用一种工具来攻打芝诺的推论。

古代的人并不比我们笨，速度的意义他们也懂得的，只可惜他们还有比我们不如的地方，那就是关于无限小的量的观念他们却一点儿没有。他们以为"无限小"就是等于零，并没有什么特别。因为这个缘故，他们实在吃亏不小，像芝诺那般了不起的人物，在他的推论法中，这个当更特别上得厉害。

不是吗？芝诺他这样说："在每一刹那，那矢是静止的。"我们无妨自己问问自己看，他的话果真合适吗？在每一刹那，那矢的位置，是静止得和一个不动的东西一般的吗？

再举个例来说，假如有两支同样的矢，其中有一支是用了比别一支快一倍的速度飞动的。在它们正飞着的当儿，照芝诺想来，每一刹那它们都是静止的，而且无论它是飞得快的一支或是慢的一支，两个的"静止情形"也没有一点分别。

在芝诺的脑子里面，快的一支和慢的一支的速度，在无论哪一刹那都是等于零。

但是，我们已经看明白了，要精密地把一个速度规定，必须要采用到些"无限小"的量，以及它们相互的关系。上面已讲起过，这种关系，老老实实地是可以有一个一定的极限的，而这个极限呢，又恰巧可以表示出我们所设想的一刹那时间的速度。

所以，在我们的脑子里面，和芝诺的就有点两样了！那两支矢在一刹那的时间，它们的速度并不等于零：每支都保持着它的速度，在同一刹那的时间，快的一支的速度总比慢的一支的大一倍。

把芝诺的思想，用了我们的话来说，我们就可以得到这样一个结论：他推证出来的，好像是两个无限小的量，它们的关系是必须等于零的。对于无限小的时间，照他想来那相应的距离总是零，这你会觉得有点可笑了，是不是？但这也不能就怪到芝诺，在他活着的时候，什么极限呀，无限小呀，这些观念，都还没有好好儿地规定清楚呢。速度这东西，我们把它当作是距离和时间的一种关系，所以在我们，那飞矢总是动的；说得明白点，就是：在每一刹那它总保持一个并不等于零的速度。

好了！关于芝诺的话，就此停着吧！我们来说点别的！

你学过初等数学的，是不是？你还没有全都忘掉吧！在这里，就来举一个计算诱导函数的例怎样？先选一个极简单的运动法则，好，就用你的弟弟在大门外爬的那一个：

$$d=5t \qquad\qquad (1)$$

无论在哪一刹那 t，最后他所爬到的距离总是：

$$d_1=5t_1 \qquad\qquad (2)$$

我们就来计算你的弟弟在地上爬时，这一刹那的速度，就是找空间 d 对于时间 t 的诱导函数。设若有一个极小的时间间隔 Δt，就是说刚好接连着 t_1 的一刹那 $t_1+\Delta t$，在这时候，那运动着的点，经过了空间 Δd，它的距离就应当是：

$$d_1+\Delta d=5(t_1+\Delta t) \qquad\qquad (3)$$

这个小小的距离 Δd，我们要用来做成这个比 $\frac{\Delta d}{\Delta t}$ 的，所以我们可以先把它找出来。从（3）式的两边减去 d_1 便得：

$$\Delta d=5(t_1+\Delta t)-d_1 \qquad\qquad (4)$$

但是第（2）式告诉我们说 $d_1=5t_1$，将这个关系代了进去，我们就可以得到：

$$\Delta d = 5（t_1 + \Delta t）- 5t_1$$

在时间 Δt 当中的平均速度，前面说过是 $\frac{\Delta d}{\Delta t}$，我们要找出这个比等于什么，只需将 Δt 除前一个式子的两边就好了。

$$\therefore \frac{\Delta d}{\Delta t} = \frac{5（t_1 + \Delta t）- 5t_1}{\Delta t} = \frac{5t_1 + 5\Delta t - 5t_1}{\Delta t}$$

化简便是：

$$\frac{\Delta d}{\Delta t} = \frac{5\Delta t}{\Delta t} = 5$$

从这个例看来，$\frac{\Delta d}{\Delta t}$ 无论 Δt 怎样地小法，总是一个常数。因此，就是我们将 Δt 的值尽量地减小，到了简直要等于零的地步，那速度 v 的值，在 t_1 这一刹那，也是等于 5；也就是诱导函数等于 5，所以：

$$V = \lim_{\Delta t \to 0} \frac{\Delta d}{\Delta t} = 5$$

这个式子表明无论在哪一刹那，速度都是一样的，总归等于 5。速度既然保持着一个常数，那么这运动便是等速的了。

不过，这个例是非常简单的，所以要找它的结果也非常容易，至于一般的例，那就往往很麻烦，做起来并不像这般地轻巧。

就实在的情形说，d=5t 这个运动的法则，明明指出运动所经的路程（比如用尺做单位）总是五倍于运动所经过的时间（比如用分钟做单位），一分钟你的弟弟在地上爬五尺，两分钟他便爬了一丈，所以，他的速度明明白白地总是等于每分钟五尺。

再另外举一个简单的运动法则来做例，不过它的计算却没有前一个例那样的简便，假如有一种运动，它的法则是：

$$e = t^2 \qquad\qquad （1）$$

依照这个法则，时间用秒做单位，空间用公尺做单位；那么，在 2 秒钟的末尾，所经过的空间应当是 4 公尺；在 3 秒钟的末尾，应当是 9 公尺；照样推下去，公尺的数目总是秒数的平方，所以在 10 秒钟的末尾，所经过的空间便是 100 公尺。

还是用空间对于时间的诱导函数来计算这运动的速度吧！

为了要找出诱导函数来，在时间 t 的任一刹那，设想这时间增加了很小一点 Δt。在这 Δt 很小的一刹那当中，运动所经的距离 e 也加上很小的一点 Δe。从（1）式我们可以得出：

$e+\Delta e=(t+\Delta t)^{2}$ 　　　　　（2）

现在，我们就可从这个式子先求出 Δe 和时间 t 的关系了。在（2）式里面，两边都减去了 e，便得：

$\Delta e=(t+\Delta t)^{2}-e$

因为 $e=t^{2}$，将这个值代进去：

$\Delta e=(t+\Delta t)^{2}-t^{2}$ 　　　　　（3）

到了这里，我们须得将式子的右边化简单些。这，第一步就非将括弧去掉不可。朋友！你也许忘掉了吧？我问你，（t+Δt）脱去括弧应当等于什么？想不上来吗？我告诉你，它应当是：

$t^{2}+2t\times\Delta t+(\Delta t)^{2}$

所以（3）式又可以照下面的样子写：

$\Delta e=t^{2}+2t\times\Delta t+(\Delta t)^{2}-t^{2}$

式子的右边有两个 t^{2}，一个正一个负恰好消去，式子也更简单些：

$\Delta e=2t\times\Delta t+(\Delta t)^{2}$ 　　　　（4）

接着就来找平均速度$\dfrac{\Delta e}{\Delta t}$，应当将 Δt 去除（4）式的两边：

$\dfrac{\Delta e}{\Delta t}=\dfrac{2t\times\Delta t}{\Delta t}+\dfrac{(\Delta t)^{2}}{\Delta t}$ 　　　　（5）

现在再把式子右边的两项中分子和分母的公因数 Δt 对消了去，只剩下：

$\dfrac{\Delta e}{\Delta t}=2t+\Delta t$

倘若我们所取的 Δt 真是小得难以形容，简直几乎就和零一样，这就可以得出平均速度的极限：

$\lim\limits_{\Delta t\to 0}\dfrac{\Delta e}{\Delta t}=2t+0$

于是，我们就知道在 t 刹那时，速度 v 和时间 t 的关系是：

v=2t

你把这个结果和前一个例的比较一下，你总可以看出它们俩有些不一样吧！最明显的，就是前一个例的 v 总归是 5，和 t 一点关系没有；这里却不这般简单；速度总是时间 t 的两倍。所以恰在第一秒的当儿，速度是 2 公尺，但恰在第二秒的一刹那，却是 4 公尺了；这样推下去，每一刹那的速度都不同，所以这种运动不是等速的。

五　诱导函数的几何表示法

"无限小"的计算法，这真可以算得是一件宝货，你在数学的园地中，走去走来，差不多都可以见着它。

在几何的院落里，特别可以看出它是怎样的玲珑。老实说，几何的院落现在这般地繁荣美丽，受它的恩赐很不少。牛顿把它发觉了，莱布尼茨也把它发觉了；但是他们俩并没有打过招呼，所以各人走的路也不同。莱布尼茨是在几何的院落里，玩得兴致很浓，想在那里面加上些点缀，为了要解决一个极有趣味的问题，才发觉了"无限小"这宝货，而且将它尽量地玩弄。

你在几何中，切线这一个名字，总不知碰见它过多少次了。所谓切线，照通常的说法，就是和一条曲线除了一点相挨着，再也不会和它相碰的那样一条直线。莱布尼茨在几何的园地中，津津有味地所要解决的问题，就是：在任意一条曲线上的随便一点，要引一根切线的方法。有些曲线，比如圆或椭圆，在它们的上面随便一点，要引一根切线，这个方法，学过几何的人都已知道了的。但是对于别的曲线，依了样却不能就把那葫芦画得出来，究竟一般的方法是怎样的呢？在几何的院落里，曾有许多人想找出打开这道门的锁匙，但都被它逃走了！

和莱布尼茨同时游赏数学的园地，而且在里面去加上些建筑或装饰的人，曾经找到过一条适当而且开阔的路去探寻各种曲线的奥秘：笛卡尔就在代数和几何两座院落当中筑了一条通路，这便是挂着"解析几何"

这块牌子的那些地方。

依了解析几何的方法，数学的关系可用几何的图形表示出来，而一条曲线也可以用等式的形式去记录它。这个方法真有点神异，是不是？但是仔细追根究底，却非常简单，到了现在，我们看着简直是很平淡无奇了。然而，这条道路若不是像笛卡尔那样的才能是建筑不起来的！

要说明这个方法的用场，我们也先来举一个顶顶简单的例。

你取一页白色的纸，钉在桌面上，并且预备好一把米尺、一块三角板、一支铅笔和一块橡皮。你用你的铅笔在那纸上作一个小黑点，马上就用橡皮将它擦去。你有什么方法能够将那个黑点的位置再找出来吗？你真将它擦到一点痕迹都不留，无论如何你再也没法去找它回来了。所以在一页纸上，要定一个点的位置，这种方法非常重要。

要定出一个点在纸面的位置的方法，实在不止一个，还是选一个容易明白的吧。你用三角板和铅笔，在纸上画一条水平线 OH 和一条垂直线 OV；假如 P 是那位置应当确定的点；你由 P 引两条直线，一条水平的和一条垂直的（图中的虚线）；这两条直线和前面画的两条，比如说相交在 a 点和 b 点，你就用米尺去量 Oa 和 Ob。

设若量了出来，Oa 等于 3 公分，Ob 等于 4 公分。

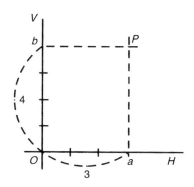

现在你把所画的 P 点和那两条虚线都用橡皮擦了去，只留下用作标准的两条直线 OH 和 OV，这样你只须注意到 Oa 和 Ob 距离。P 点就可以很容易地再找出来。实际就是这样做法：从 O 点起在水平线 OH 上量出 3 公分的一点 a，再，还是从 O 点起，在垂直线 OV 上量出 4 公分的一点 b。跟着，从 a 画一条垂直线，又从 b 画一条水平线；你是已经知道的，这两条线会相碰着，这相碰的一点，便是你所再要找的 P 点。

这个方法，是比较简便的，但并不是独家的唯一无二的方法。这里用到的是两个数，一个垂直距离和一个水平距离，但另外选两个适当的数，也可以把平面上一点的位置确定，不过别的方法都没这般平易罢。

你在平面几何上曾经读过一条定理，说：不平行的两条直线若不是全相重合就只能有一个交点，你总还记得吧！就因这个缘故，所以我们用一条垂直线和一条水平线，所能决定的点只有一个。依了同样的方法，用距 O 点不同的垂直线和水平线便可决定许多位置不同的点。你不相信吗？就用你的三角板和铅笔，胡乱画几条垂直线和水平线来看一看。

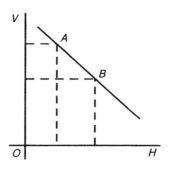

再请你回忆起平面几何上的一条定理来，那就是通过两个定点必能够画一条直线，而且也只能够画一条。所以，倘若你先在纸上画一条直线，只任意留下了两点，便将整条线擦去；你若要再找出原来的那条直线，只须用你的尺子和铅笔，将所留的两点连起来那就成了。你试试看，前后两条直线的位置有什么不同的地方没有？

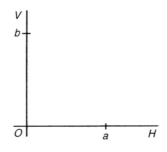

前面说的只是点的位置，现在，我们更进一步来研究任意一段曲线，

或是 BC 弧。我们也能够将它表示出来吗?

　　为了方便起见，我和你先约定好：在水平线上从 O 起量出的距离我们用 x 代表，在垂直线上从 O 起量出的距离用 y 代表；这么一来，设若那段曲线上有一点 P，从 P 向 OH 和 OV 各画一条垂线；那么，无论 P 点在曲线上的什么地方，x 和 y 都一定各有一个相应于这 P 点的位置的值。在 BC 一段曲线上，设想有一点 P，从 P 向 OH 画一条垂线 Pa，设若它和 OH 相交在 a 点；又从 P 向 OV 也画一条垂线 Pb，设若它和 OV 相交在 b 点，Oa 和 Ob 便是 x 和 y 相应于 P 点的值。你试在 BC 上另外取一点 Q，依照这方法做起来，就可以看出 x 和 y 的值便不能同是 Oa 和 Ob 了。

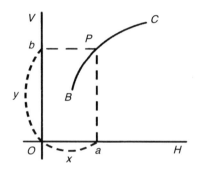

　　接连在曲线 BC 上面，取一串的点，比如说是 P_1，P_2，P_3……从各点向 OH 和 OV 都画一条垂线，得出相应于 P_1，P_2，P_3……这些点的位置的 x 和 y 的值，x_1，x_2，x_3……和 y_1，y_2，y_3……来。x 的一串值 x_1，x_2，x_3……各都和 y 的一串值 y_1，y_2，y_3……中的一个相应。这些是你从图上一眼就会看得明白的。

　　倘若已将 x 和 y 的各自的一串值都画出，曲线 BC 的位置大体也就决定了。所以，实际上，你若把 P_1，P_2，P_3……这一串点留着，而将曲线 BC 擦去，和前面画直线的一般，你就有方法能够再找它出来。因为 x 的每一个值，都相应于 y 的一串值中的一个，所以要决定曲线上的一点，我们就在 OH 上从 O 起取一段等于 x 的值，又在 OV 上从 O 起取一段等于相应于它的 y 的值；那么，这一点，就和前面的例所说过的一般，便可完全决定。跟着，用同样的方法，将 x 的一串值和 y 的一串值都画出来，P_1，P_2，P_3……这一串的点也就全然决定，曲线 BC 同样地也可将它决定了。

不过，这却要小心，前面，我们说过，有了两点就可决定一条直线；在平面几何学上你还学过一条定理，不在一条直线上的三点就可以决定一个圆周。但是一般的曲线，要有多少点才能将它决定，那是谁也回答不上来的，不是吗？曲线是弯来弯去的，没有画出来的时候哪个能完全明白它是怎样的弯法呢！所以，在实用上，真要由许多点来决定一条曲线，必须要画出很多的互相挨得很近的点，那条曲线才可以大体决定。并且这还须注意，无论怎样，倘若没有别的方法加以证明，你这样画出的总只是一条相近的曲线。

话说回头去，我们记好以前所讲过的数学的函数的定义，把它来和这里所说的表示 x 和 y 的一串值的方法对照一番，这是有趣极了！我们既说，每一个 x 的值，都相应于 y 的一串值中的一个，那好，我们不是也就可以干干脆脆地说 y 是 x 的函数吗？要是掉过枪法，我们也就可以说 x 是 y 的函数。从这一点看起来，函数有些是可以用几何的方法表示的。

比如 y 是 x 的函数，用几何的方法来表示就是这样：有一条曲线 BC，又决定了 x 的大小，设若 x 等于 Oa，我们实际上就可决定相当于它的 y 的值是 Ob。

所以从解析数学这边看来，一个数学的函数是代表一条曲线的。但掉过头从几何那边看来，一条曲线就表示一个数学的函数。两边简直是合则双美的玩意儿。

要反过来说，也是非常容易的。假如有一个数学的函数：

$$y = f(x)$$

我们很能够给这个函数一个几何的说明。还是先画两条互相垂直的曲线 OH 和 OV。在水平线 OH 上面，我们取出 x 的一串值，而在垂直线 OV 上面我们取出 y 的一串值；从各点都画 OH 或 OV 的垂线；从 x 和 y 的两两相应的值所画出的两垂线都有一个交点。这些点总集起来就决定了一条曲线，而且这条曲线就表示出了我们的函数。

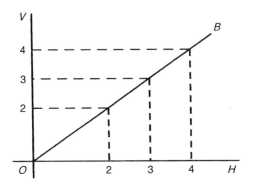

举一个顶简单的例吧；设若那已知的函数是：y=x，表示它的曲线是什么？

先随便选一个 x 的值，例如 x=2，那么相应于它的 y 的值也是 2，所以相应于这一对值的曲线上的一点，就是从 x=2 和 y=2 这两点画出的两条垂线的交点。同样地，由 x=3，x=4……我们就得出 y=3，y=4……并且得出一串相应的点。联合这些点，就是我们要找来表示我们的函数的曲线。

我想，在这点，倘若你要挑剔的话，你一定捉到一个漏洞了！不是吗？图上画出的，明明是一条直线，为什么我们在前面却尽管很亲切地叫它是曲线呢？但是，朋友！一个人究竟只有这样大的本领，写说明的时候，那图的影儿还不曾有一点，哪就会知道它是一条直线呀！若是画出图来是一条直线，便返回去将说明改过，这叫你看去，好像我是"未卜先知"了，成什么话呢？

我们说是曲线的变成了直线，这只是特别的情形，说到特别，朋友！我告诉你，这回的例，真是特别得很，它不但是直线，而且它和水平线 OH 以及和垂直线 OV 所成的角还是相等的，恰好 45 度，就好像你把一页正方块的纸对角折出来的那条折痕一般。

原来是要讲切线的，话却越说越远了，现在回到本题上面来吧。为了确定切线的意义，先设想一条曲线 C，在这曲线上取一点 P；接着，过 P 点引一条割线 AB 和曲线 C 又在 P′ 点相碰着。

请你将 P′ 点慢慢地在曲线上向着 P 点这边移近起来，你可以看出，当你移动 P′ 点的时候，AB 的位置跟着也起了变动；它绕着固定的 P 点，依了箭头所指的方向慢慢地转动。到了 P' 点和 P 点碰在一起的时候，这条直线 AB 便不再割断曲线 C，只和它在 P 相挨着了。换句话说，就是在这当儿，直线 AB 变成了曲线 C 的切线。

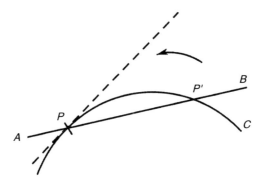

再用到我们的水平线 OH 和垂直线 OV。

设若曲线 C 表示一个函数。我们若是能够算出切线 AB 和水平线 OH 所夹的角，或是说 AB 对于 OH 的倾斜率，以及 P 点在曲线 C 上的位置；那么，过 P 点我们就可以将 AB 画出了。

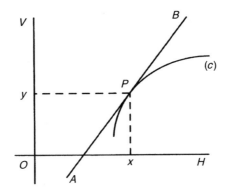

呵，了不起！这么一来，我们又碰到难题目了！

怎样可以决定 AB 对于 OH 的倾斜率呢？朋友！不要慌！你去问造房子的木匠去！你去问他，怎样可决定一座楼梯对于地面的倾斜率？

你一时找不着木匠去问吧！那么，我告诉你一个法子，你自己去做去。你拿一根长竹竿，到一堵矮墙前面去。比如那矮墙的高是 2 公尺，你将你的竹竿斜靠在墙上边，竹竿落地的这一头恰好距墙脚 4 公尺。

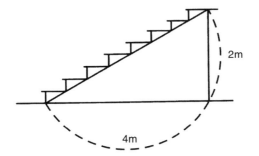

这回你已知道你的竹竿，靠着墙的一点离地的高和落地的一点距墙脚的远；它们的比恰好是：

$$\frac{2}{4} = \frac{1}{2}$$

这个比值就决定了你的竹竿对于地面的倾斜率。假如，你将你的竹竿靠到墙上边的时候，落地的一头距墙脚 2 公尺，就是说恰和靠着墙的一点离地的高相等；那么它们俩的比便是：

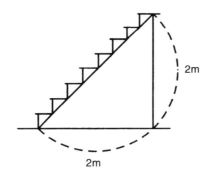

$$\frac{2}{2} = 1$$

你总已经看出来了，这一次你的竹竿对于地面的倾斜度比前一次的来得陡些。

假如我们要想得出一个 $\frac{1}{4}$ 的倾斜率，你的竹竿落地的一头应当距墙脚多远呢？

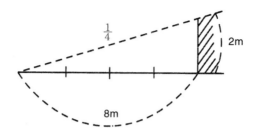

你只要使这个距离等于那墙高的 4 倍就行了。所以倘若你将你的竹竿落地的一头放在距墙脚 8 公尺远的地方；那么，

$$\frac{2}{8} = \frac{1}{4}$$

恰好是我们所想找的倾斜率。

总括起来，简单地说，要决定倾斜率，只须知道"高"和"远"的比。

快可以归到一个结论了，让我们先把所要用来解答这个切线问题的材料集拢起来吧。第一，作一条水平线 OH 和一条垂直线 OV。第二，画出我们的曲线。第三，过定点 P 和另外一点 P' 画一条直线将曲线切断，就是说过 P 和 P' 画一条割线。

先不要忘了我们的曲线 C 是用一个下面的已知函数表示的：

y=f(x)

相应于 P 点的 x 和 y 的值就算是 x 和 y；相应于 P' 点的 x 和 y 的值设它们是 x' 和 y'。从 P 画一条水平线和从 P' 所画的垂直线相遇在 B 点。我们先来决定割线 PP' 对于水平线 PB 的倾斜率。

这个倾斜率，和我们刚才说过的一般，是用"高"P'B 和"远"PB 的比来表示的；所以我们得出下面的式子：

$$PP' \text{ 的倾斜率} = \frac{P'B}{PB}$$

到了这一步，我们很明白地知道，我们所要解决的问题是：

"用来表示倾斜率的比，它能不能由曲线的函数的帮助来计算呢？"

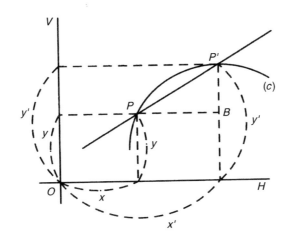

看着图来说话吧。由上图我们很容易地知道水平线 PB 等于 x' 和 x 的差，而"高度"P'B 等于 y' 和 y 的差。将这相等的值代进前节的式子里面去，我们就找出：

割线的倾斜率等于 $\dfrac{y'-y}{x'-x}$。

跟着，来计算 P 点的切线的倾斜率，只要在曲线上使 P' 和 P 接近起来就成了。

P' 挨近 P 的时候，y' 便挨近了 y，而 x' 也就挨近了 x。这个比 $\dfrac{y'-y}{x'-x}$ 跟着 P' 的移动渐渐地变的结果，P' 越近于 P，它就越近于我们所要找来表示 P 点的切线的倾斜率的那个比。

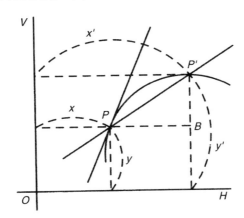

要解决的问题总算解决了。归结起来，用一般的话说，这解答的步骤是这样。

知道了一条曲线，和表示它的一个函数；那曲线上的任一点的切线的倾斜度，我们就可以计算。所以，通过曲线上的一点，引一条直线，若是它的倾斜率和我们已经算出来的一样，那么，这条直线就是我们所要找的切线了！

说起来，啰里啰唆地，好像很麻烦，但实际上要去画它，却并不困难。即如我们前面所举的例，设若 y' 很近于 y，x' 也很近于 x，那么，这个比 $\frac{y'-y}{x'-x}$ 便很近于 $\frac{1}{2}$ 了。因此在曲线上的 P 点，那切线的倾斜率也就很近于 $\frac{1}{2}$；我们这里所说的"很近"就是可以使得相差的数无论小到什么程度都可以的意思。

我们动手来画吧！过 P 点引一段水平线 PB，使它的长为 2 公分；在 B 这一头，再画一段垂直线 Ba，它的长只是 1 公分。末了把 Ba 的一头 a 和 P 连接起来作一条直线：这么一来，aP 直线在 P 点的倾斜率等于 aB 和 PB 的比，恰好是 $\frac{1}{2}$，所以它就是我们所求的在曲线上 P 点的切线。

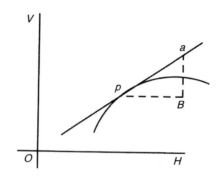

对于切线的问题。我们算是有了一个一般的解答了。但是，我问你，一直说到现在，我们所解决的都是些特别的例，它能不能就用到一般的已定曲线上去呢？

还不能呢！还得要用数学的方法，再进一步找出它的一般的原理才行的。不过要达到这地步，也不是很困难的事。我们再仔细从我们所用的方法当中去探究一番，那就可以得到一个合意的回答了。

我们所用的方法，它含有什么性质呢？

假如我们记清楚从前所说过的：什么连续函数咧，它的什么变化咧，这些变化的什么平均值咧，这一类的东西；将它们来比照一下，对于我们所用的方法，一定更加明了了。

一条曲线和一个函数，本可以看成是一般无二的东西，因为一个函数可以表出它的性质，而它也可以把这函数用图形表示；所以，一样的情形，一条曲线也就表示一个点的运动的情况。

为了要知道清楚运动的性质，我们曾经研究过用来表示这运动的函数有怎样的变化。研究的结果，将诱导函数的意义也弄明白了。我们知道它在一般的形式下面，也是一个函数，函数一般的性质和变化，它都含得有。

认为函数是表示一种运动的时候，它的诱导函数，就是表示每一刹那间，这运动所有的速度。丢开了运动不讲，在一般的情形当中，一个函数的诱导函数，它含得有些什么意义没有呢？

我们再简单地来看一看，诱导函数是怎样被我们诱导出来的，我们先对于变数，使它任意加大一点，然后从这点出发去计算所要求的诱导函数。就是找出相应于这点变化，那函数增加了多少，接着就求这两个增加的数的比。

因为函数的增加是依赖着变数的增加的，我们所以跟着就留意，在那增加的量很小很小的时候，它的变化是怎样的情形。

这样的做法，我们已说过好些次，而结果仍旧是一样的，那增加的量无限小的时候，这个比就达到一个有定的值。中间有个必要的条件，我们不要忘掉，就是这个比若有极限的时候，那个函数是连续的。

将这些情形和所讲过的计算一条曲线的切线的倾斜率的方法比较一下，我们不是很容易明白，它们实在没有什么分别吗？

末了，就得到这么一个结论：一个函数表示一条曲线；函数的每一个值，都相应于那曲线上的一点；对于函数的每一个值的诱导函数，就是那曲线上相应点的切线的倾斜率。

这样说来，切线的倾斜率，便有一个一般的求法了。这个结果，不但对于本问题很重要，它简直是微积分的台柱子。

这不但解释了切线的倾斜率的求法，而且反过来，也就得了诱导函数在数学函数上的抽象的意义；正和我们为了要研究函数的变化，却得到了无限小和它的计算法，以及诱导函数的意义一般。

再结束一下，诱导函数这个宝贝，真是玲珑得可以，你讲运动吧，它就表示这运动的速度；你讲几何吧，它又变成曲线上一点的切线的倾斜率；你看它多么活泼有趣！

索性再来看它还有些什么把戏可以玩出来。诱导函数表示运动的速度，所以它就指给我们看那运动有些什么变化。在图形上，它既表示切线的倾斜率，又有什么可以指示给我们看的没有呢？设想有一条曲线，对了，曲线本是一条弯去弯来的线，它在什么地方怎样的弯法，我们有没有法子可以表明呢！

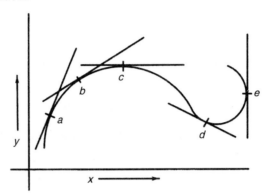

从图上看吧，在 a 点附近曲线弯得快些；换句话说，x 的距离加得很小，而相应的 y 的距离却加得较大，这就证明在 a 点的切线，它的倾斜度来得很陡。

在 b 点呢，切线的倾斜度就较平了，切线和水平线所成的角也很小，x 和 y 的距离加增的强弱相差也不十分厉害。

至于 c 点，倾斜度简直成了零，切线和水平线全然平行，x 的距离尽管增加，y 的总是老样子，所以这一小段曲线也很平。接着下去，它反而向下弯起来，就是说，x 的距离增加，y 的反而减小。在这里，倾斜度就改变方向，一直降到 d，才又回头。从 c 到 d 这一段，因为倾斜度掉转了方向的缘故，我们就说它是"负的"。

最后，在 e 点，斜倾度成了直角，就是切线变了水平线的垂直线：这小段曲线成了非常的陡；x 若只无限小地增加一点的时候，y 的值还是一样。

这个例叫我们知道，对于诱导函数的研究：它有多大，它是正或负，都可以指示出曲线的变化来；这正和用它表示速度时，可以看出运动的变化一般的情形。

你看！诱导函数这么一点小家伙，它的花头有多少！

六 无限小的量

量本来是抽象的，为了容易想象的缘故，我们前面说诱导函数的效用和计算法的时候，曾经找出运动的现象来做例。现在更要确切一点地来讲明白数学的函数的意义；我们用的方法虽然和前面已经用过的相仿佛，但要比它更一般些。

诱导函数的一般的定义是怎样的呢？

从以前所讲过的许多例，我们知道，诱导函数是表示函数的变化的，无论那函数所倚靠着的变数它的变化小到什么地步，总归可表示出函数在那当儿所起的变化。诱导函数指示给我们看，那函数什么时候渐渐变大和什么时候渐渐变小。它又指示给我们，这种变化什么时候来得快、什么时候来得慢。而且它所能指示的，并不是大体的情形，简直连变数的值虽只有无限小的一点变化，函数的变化状态，也指示得非常清楚。因此，研究函数的时候，诱导函数实在占着很重要的位置。关于这种巧妙的方法的研究和解释，以及它的计算的发明，都是非常有趣的。它的发明真是十分的奇异，而结果又十分的丰富，这可算得是一种奇迹吧！然而追根究底，它不过是从数学的符号的运用当中诱导出来的。不是吗？我们用 Δ 这样一个符号放在一个量的前面，算它所表示的量是无限的小，它可以逐渐减小下去，而且是可以无限地减小下去的。我们跟着就研究这种无限小的量的关系，便得出诱导函数这一个奇怪的量。

不过起源虽很简单，但这些符号也并不是就可以任意诱导出来的。照我们前面所已讲明的看来，它们原是为了研究任何函数无限小的变化的基本运算才产生的。它逐渐展开的结果，对于一般的数学的解析，却变成了一个很精当的工具。

这也就是数学中，微分学这一部分又有人叫它是解析数学的原因。一直到这里，我们已经好几次说到，对于诱导函数这一类的东西，要给它一个精确的定义，但始终还是没有做到，这总算一件憾事。原来要抽象地了解它，本不很容易，所以还只得慢慢地再说吧。单是从数学计算的实际上，这些东西的定义是不能再找到的了，所以仍旧只好请符号来说明，一起头举例，我们就用字母来代表运动的东西，这已是一种符号的用法。

后来讲到函数，我们又用到下面这种形式的一个式子：

y=f（x）

这式子自然也只是一个符号。这符号所表示的意思，虽则前面已说过，为了明白起见，这里无妨再重述一遍。x 表示一个变数，y 表示随了 x 变的一个函数；换句话说，就是：对于 x 的每一个数值，我们都可以将 y 的相应的数值计算出来。

在函数以后讲到诱导函数，又用过几个符号，将它连在一起，可以得出下面的一个式子：

$$y'=\lim_{\Delta x\to 0}\frac{\Delta y}{\Delta x}$$

y' 表示诱导函数，这个式子就是说，诱导函数是：当 Δx 自己以及 Δy 随了它都近于零的时候，$\frac{\Delta y}{\Delta x}$ 这个比的极限。

再把话说得更像教科书式一些，那么：

诱导函数是："当变数的增量 Δx 同着随了它变的函数的增量 Δy 都无限地减小时，Δy 和 Δx 的比的极限。"到了这个极限时，我们另外用一个符号 $\frac{dy}{dx}$ 表示。

朋友！你还记得吗？一开场，我就说过，为这个符号我曾经碰了一次大钉子的，现在你也会见它了，总算便宜了你。你好好地记清楚它所表示的意义吧，用场多着呢。有了这个新符号，诱导函数的式子又多一个写法：

$$\frac{dy}{dx}=y'$$

dy 和 dx 所表示的都是无限小的量，它们同名不同姓，dy 叫着 y 的"微分"，dx 叫 x 的"微分"，在这里，应得小心的是：dy 或 dx 都只是一个符号，若看成和代数上写的 ab 或 xy 一般，以为是 d 和 y 或 d 和 x 相乘的意思，那就大错了，好比一个人姓张，你却叫他一声弓长先生，你想，他会不会对你失敬呢？

从 $\frac{dy}{dx}=y'$ 这式子变化一番，就可得出一个很重要的关系：

dy=y'dx

这就是说："函数的微分等于诱导函数和变数的微分的乘积。"

我们已经规定明白了几个数学符号的意思：什么是诱导函数，什么是无限小，同着什么是微分，现在就来使用它们一回，用它们来研究和分解几个不同的变数。

对于这些符号，老实不客气，我们也可以照别的符号一般，用到各色的计算上面去。但是有一点却要非常地小心，和这些量的定义矛盾的地方就得避开。

闲话少讲，还是举几个例出来，先来个简单之中最简单的。

假如 S 是一个常数，等于三个有限的量 a、b、c 和三个无限小的量 dx、dy、dz 的和，我们就知道：

a+b+c+dx+dy+dz=S

在这个式子里面，因为 dx、dy、dz 都是无限小的变量，而且可以任我们的意使它们小到不可名言的地步的，因此干脆一点，我们简直可以使它们都等于零，那就得出下面的式子：

a+b+c=S

你又会要捉到一个漏洞了。早先我们说芝诺把无限小想成等于零是错的，现在我却自己马马虎虎地也跳进了这个圈子。但是，朋友！小心之余还得小心，捉漏洞，你要看好了它真是一个漏洞，不然，近视眼看着墙壁上的一只小钉，当是苍蝇，一手拍去，于钉子固无伤，然而如手痛何。

在这个例中，因为 S 和 a、b、c 全都是有限的量，一点儿偷换不来，留几个小把戏夹杂在当中跳去跳来，反而不雅观，这才可以干脆说它们都等于零，芝诺所谈的问题，他讲到无限小的时间同时讲到无限小的空间，两个小把戏自己跳在一起，那就马虎不得，干脆不来了。所以假如在一个式子中不但有无限小的量，还有几个无限小的量相互关连着，那我们就没有硬派它们等于零，将它们消去的权利，我们在前面不是已经看到过吗？无限小和无限小关联着，会得出有限的值来的，朋友！有一句俗话说，一斗芝麻拣出一颗，有它无多无它不少，但是倘若就只有两三颗芝麻，你拣去了一颗，不是只剩二分之一或三分之一了吗？

无限小可以省去和不能省去的条件你明白了吗？无限大也是一样的。

上面的例是说，在一个式子当中，若是含有一些有限的数和一些无限小的数，那无限小的数通可以略掉。假如在一个式子中所含有的，有些是无限小的数，有些却是两个无限小的数的乘积；小数和小数相乘，数值便越乘越小，一个无限小的数已够小了，何况还是两个无限小的数的乘积呢；因此，这个乘积对于无限小的数，同前面的理由一般，也可以略去。假如，我们有下面的一个式子：

dy＝y'dx＋dvdx

在这里面 dv 也是一个无限小的数，所以右边的第二项便是两个无限小的数的乘积，它对于一个无限小的数说起来，简直是无限小中的无限小；对于有限数，无限小的数可以略去；同样地，对于无限小的数，这无限小中的无限小，也就可以略去。

两个无限小的数的乘积，对于一个无限小的数说，我们称它为二次无限小数。同样地，假如有三个或四个无限小数相乘的积，对于一个无限小的数（平常我们也说它是一次无限小的数），我们就称它为三次或四次无限小的数。通常二次以上的，我们都称它们为高次无限小的数。假如，我们把有限的数，当成零次的无限的小数看，那么，我们可以这样说：在一个式子中，次数较高的无限小数对于次数较低的，通常可以略去；所以，一次无限小的数对于有限的数，可以略去，二次无限小的数对于一次的，也可以略去。

在前面的式子当中，我们已经知道，若两边都用同样的数去除，结果还是相等的；我们现在就用 dx 去除，于是我们得：

$$\frac{dy}{dx} = y' + dv$$

在这个新得出来的式子当中，左边 $\frac{dy}{dx}$ 所含的是两个无限小的数，它们的比等于有限的数 y'。这 y' 我们称为函数 y 对于变数 x 的诱导函数。因为 y' 是有限的数，dv 是无限小的，所以它对于 y' 可以略去。因此，$\frac{dy}{dx} = y'$ 或是两边再用 dx 去乘，这式子也是不变的；所以，dy=y'dx。

这个式子和原来的式子比较，就是少了那两个无限小的数的乘积（dv dx）这一项。

这一节我们就此停止，再换个新鲜的题目来谈吧！

七 二次诱导函数——加速度——高次诱导函数

数学上的一切法则，都有一个极应当留意到的特性，这就是无论什么法则，在它成立的时候，使用的范围虽然有一定的限制，但我们也可尝试一下，将它扩充出去，用到一切的数或一切的已知函数，我们可将它和别的法则联合起来，使它用了出去，能够产生更大的效果。

呵！这又是一段"且夫天下之人"一流的空话了，还是举例吧。

在算术里面，学了加法，就学减法，但是它真小气得很，只许可你从一个数当中减去一个较小的数，因此，我们用起它来就有时免不了要碰壁。比如从一斤减去八两，你立刻就回答得出来，还剩半斤；但是要从半斤减去十六两，那，你还有什么法子！碰了壁就完了吗？人总是不服气的，越是触霉头，越想往那中间钻；除非你是懒得动弹的大少爷，或是没有力气的大小姐，碰了壁才肯就丢手！那么，在这碰壁的当儿，额角是碰痛了，痛定思痛，总得找条出路，从半斤减去十六两怎样减法呢？我们发狠一想，便有两条路：一条我们无妨说它是"大马路"，因为人人会走，而且特别是大少爷和大小姐怕多用心的，喜欢去散步的。这是怎么？其实只是一条不是路的路，就是我们干干脆脆地回答三个字"不可能"。你已说不可能了，谁还会再和你为难呢，这不是就已不了了之了吗？然而，仔细一想，朋友，不客气说，咱们这些享有五千多年文化的黄帝的子孙，现在弄得焦头烂额，衣食都不能自给，就是上了这不了了之的当。"不可能！不可能！"老是这样叫着，不但要自己勤手，推托说是不可能，连别人明明已经做出了的，初听见乍看着，因为想一想的缘故，也还说不可能。见了火车，有人和你说，别人已有东西可以在空中飞。你心里会想到"这不可能"，见了一根一根电线搭在空中，别人和你说，现在已有不要线的电报电话，你心里也会想到"这是不可能"，朋友！什么是可能的呢？请你回答我！你不愿意答应吗？我替你回答：

"老祖宗传下来的，别人做现成的，都可能。此外，那就要看别人，和别人的少爷小姐，好少爷好小姐们了！"呵！多么大气量！

对不起，笔一溜，说了不少的废话，而且也许还很失敬，不过我还得声明一句，本心无他，希望你和我不要无论想到什么地方都只往"大马路"上混，我们的路是第二条。

我们要从半斤减去十六两碰了壁，我们硬不服，创出一个负数的户头来记这笔苦账，这就是说，将减法的定义扩充到正负两种数。不是吗？你欠别人十六两高粱酒，他来向你讨，偏偏不凑巧你只有半斤，你要还清他，不是差八两吗？"差"的就是负数了！

法则的扩充，还有一条路。因为我们将一个法则的限制打破，只是让它能够活动的范围扩大起来；但除此以外，有时，我们又要求它能够简单些，少消耗我们一点力量，让我们在别方面也去活动活动。举个例说，就是一种法则若是要重重复复地用时，我们也可以想一个归总的来代替它。比如，要你从一百五十减去三，减了一次又减一次地继续下去，看多少次可以减完。这题目自然是可能的，但真要去减谁这样耐烦！真没趣得很，是不是？于是我们就另开辟一条行人便道，那便是除法；将3去除150就得50。要回答上面的问题，你说多少次可减完？同样地，加法，若只是同一个数尽管加了又加，也乏味得很，又另开辟一条路，挂块牌子叫乘法。

归到近一些地方吧！我们以前讲过的一些方法，也可以扩张它的应用的范围吗？也可以将它的法则推广吗？

讲诱导函数的时候，我们限定了，说对于 x 的每一个值，它都有一个固定的极限。所以，我们就知道，对于 x 的每一个值，它都有一个相应的值。归根结底，我们便可以将诱导函数 y′ 看成 x 的已知函数。结果，我们也就一样地，可以计算诱导函数 y' 对于 x 的诱导函数，这就成为诱导函数的诱导函数了。我们叫它是二次诱导函数，并且用 y" 表示它。

实在呢，要得出一个函数的二次诱导函数，并不是难事，只是将诱导函数法连用两次好了，比如前面我们拿来做例的：

$$e=t^2 \qquad\qquad （1）$$

它的诱导函数是：

$$e'=2t \qquad\qquad （2）$$

将这个函数，照 d=5t 的例计算，就可得出二次诱导函数：

$$e''=2 \qquad\qquad （3）$$

二次诱导函数对于一次诱导函数的关系恰和一次诱导函数对于本来的函数的关系相同。一次诱导函数表示本来的函数的变化，同样地，二次诱导函数就表示一次诱导函数的变化。

我们开始讲诱导函数时，用运动来做例，现在再重借它来解释二次诱导函数，看能有什么玩意儿衍生出来不能。

我们曾经从运动当中看出来，一次诱导函数是表示每一刹那间一个点的速度。所谓速度的变化究竟是什么意思呢？假如一个东西，第一秒钟的速度是 4 尺，第二秒钟的是 6 尺，第三秒钟的是 8 尺，这速度越来越大，照我们平常的说法，就是它越动越快。若是文气一点说，便是它的速度逐渐增加，你不要把"增加"这个词太看呆板了，那么所谓增加也就是变化的意思。所以速度的变化，就只是运动的速度的增加，我们便说它是那运动的"加速度"。

要想求出一个运动着的点，它在一刹那间的加速度，只需将从前我们所用过的求一刹那间的速度的方法，重复用一次，就行了。不过，在第二次的时候，有一点必得加以注意，第一次，我们求的是距离对于时间的诱导函数，而第二次所求的却是速度对于时间的诱导函数。结果，所谓加速度这个东西，它就是等于速度对于时间的诱导函数，我们可以用下面的一个式子来表示这种关系：

$$加速度 = \frac{dy'}{dt} = y''$$

因为速度，它自己是用运动所经过的空间对于时间的诱导函数来表示；所以加速度也只是这运动所经过的空间对于时间的二次诱导函数。

有了一次和二次诱导函数，应用它们，对于运动的情形我们更能够知道得清楚些，它的速度的变化是怎样一个情景，我们便可完全明了。

假如一个点始终是静止着的，那么它的速度便是零，于是一次诱导函数也就等于零。

反过来，假如一次诱导函数，或是说速度，它等于零，我们就可以断定那个点是静止的。

跟着这个推论，比如已经知道了一种运动的法则，我们想要找出这运动着的点归到静止的时间，我们只要找出什么时候，它的一次诱导函数等于零，那就成了。

随便举个例来说，假设有一个点，它的运动法则是：

$d = t^2 - 5t$

由以前讲过的例，t^2 的诱导函数是 $2t$，而 $5t$ 的诱导函数是 5，所以：

$d' = 2t - 5$ [①]

就是这个点的速度，在每一刹那 t 间是 $2t-5$，若要问这个点什么时候得到静止，只要找出什么时候它的速度等于零就行了。但是，它的速度就是这运动的一次诱导函数 d'，所以若 d' 等于零时，这个点就是静止的。我们再来看 d' 怎样才等于零。它既等于 $2t-5$，那么 $2t-5$ 若等于零，d' 也就等于零。因此我们可以进一步来看：$2t-5$ 等于零要什么条件。我们试解下面的简单方程式：

$2t - 5 = 0$

解这方程式的法则，我相信你没有忘掉，所以我只简洁地回答你，这方程式的根是 2.5。假如 t 是用秒做单位的，那么，便是两秒半钟的时候，d' 等于零，就是那个点，在开始运动后两秒半钟归到静止。

现在，我们另外讨论别的问题，假如那点的运动是等速的，那么，

---

① 这个式子也可以直接计算出来：

$\because d = t^2 - 2t$

$d + \Delta d = (t + \Delta t)^2 - 2(t + \Delta t)$

$\therefore \Delta d = (t + \Delta t)^2 - 2(t + \Delta t) - d$

$\quad = (t + \Delta t)^2 - 2(t + \Delta t) - (t^2 - 2t)$

$\quad = (t^2 + 2t\Delta t + \Delta t^2) - 2t - 2\Delta t - (t^2 - 2t)$

$\quad = 2t\Delta t - 2\Delta t + \Delta t^2$

$\therefore d' = \lim_{\Delta t \to 0} \frac{\Delta d}{\Delta t} = \lim_{\Delta t \to 0} (2t - 2 + \Delta t) = 2t - 2$

一次诱导函数或是说速度，它是一个常数。因此，它的加速度，或是说它的速度的变化，便等于零，也就是二次诱导函数等于零。一般的情况一个常数的诱导函数总是等于零的。

又可以掉过话头来说，假如有一种运动法则，它的二次诱导函数是零，那么它的加速度自然也是零。这就是表明它的速度老是一个样子没有什么变化。从这一点，我们可以知道，一个函数，若它的诱导函数是零，它便是一个常数。

再继续着推上去，若是加速度或二次诱导函数，不是一个常数，我们又可以问它有什么变化了。要知道它的变化，我们不必用别的法子，还要找它的诱导函数。这一来，我们却得的是第三次诱导函数。在一般的情形当中，这第三次诱导函数也不一定就等于零的。假如，它还不是一个常数，它就可以有诱导函数，这便成第四次的了。照这样可以尽管推下去，我们不过连续地重复用那诱导函数法罢了。无论第几次的诱导函数，都是表示它前一次的函数的变化。

从这样看，关于函数变化的研究是可以穷追下去没有底的。诱导函数不但可以有第二次的，第三次的，简直可以有无限次数的；这全看那些数的气量怎样，只要它不是被我们追过几次便板起脸孔，死气沉沉地，成了一个常数，我们就可以追过不憩。

八　局部诱导函数和全部的变化

朋友，火柴盒子，你总很面熟的了。它是长方的，它有长，有宽，又有高，这你都知道的，不是吗？对于这种有长有宽又有高的东西，我们要计较它的大小，就得算出它的体积。算这种火柴盒子的体积的方法，算术里已经讲过，是把它的长、宽、高相乘。因此，这三个数中若有一个变了一点，它的体积也跟着要变的，所以我们可以说火柴盒子的体积是这三个量的函数：设若它的长是 a，宽是 b，高是 c，体积是 v，我们就可得出下面的式子：

V=abc

假如你有的火柴盒子是爕昌公司的，我有的却是丹凤公司的，你一定要和我争，说是你那一个的体积比我这一个的大。朋友！空口说白话，绝不能叫我心服，我得向你要一个证明，你有法子吗？你只好将它们的长、宽、高都比一比，找出爕昌的盒子有一边，或两边，甚而至于三边，都比丹凤的盒子要长些，你真能这样，我自然只好哑口无言了。

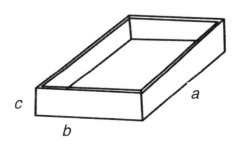

我们借这个小问题做引子，来看看火柴盒子这类东西的体积的变化是怎样一个情景，先得想象它的长 a，宽 b 和高 c 都是可以随我们的意思叫它们伸缩的。

再得想象，它们的变化是连续的，好像你用打气筒套在足球的橡皮胆上打气的一般。火柴盒的三边既然是连续地变，它的体积自然也得跟着连续地变，而恰好是三个变数 a，b，c 的连续函数。到了这里，我们就有了一个问题：

"当这三个变数同时连续地变的时候，它们的函数 v 的无限小的变化，我们怎样去测量呢？"

以前，为了要计算无限小的变化，我们请出了一件宝货诱导函数来，不过那时的函数是只依赖着一个变数的；现在，我们就来看，这个宝货碰到了几个变数的函数，它还灵不灵。

第一步，我们先注意到，我们能够将下面的一个体积，

$v_1 = a_1 b_1 c_1$

由以下将要说到的顶简便的方法变成这么一个新体积：

$v_2 = a_2 b_2 c_2$

开始，我们将这体积的宽 b_1 和高 c_1 保住老样子，不让它改变，只使长 a_1 加大一点变成 a_2。

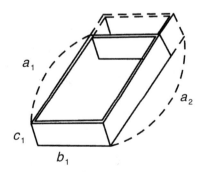

接着，再保住 a_2 和 c_1，只让宽 b_1 变到 b_2。

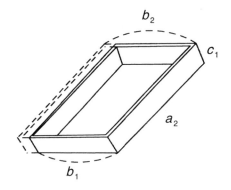

末了，将 a_2 和 b_2 保持原样，只将 c_1 变到 c_2。

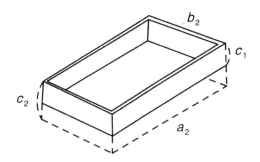

这种方法，我们是用三个步骤使体积 V_1 变到 V_2，每一次我们都只让一个变数改变。

只依赖着一个变数的函数，它的变化，我们以前是用这个函数的诱导函数来表示。

同样的理由，我们每次都可以得出一个诱导函数来。不过这里所得的诱导函数，都只能表示那函数的局部的变化，因此我们就替它们取一个名字叫"局部诱导函数"，从前我们表示 y 对于 x 的诱导函数用的符号是 $\frac{dy}{dx}$，现在对于局部诱导函数我们也用和它相似的符号表示，就是：

$$\frac{\partial v}{\partial a}, \quad \frac{\partial v}{\partial b}, \quad \frac{\partial v}{\partial c}$$

第一个表示只将 a 当变数，第二个和第三个相应地表示只将 b 或 c 当变数。

你将前面说过的关于微分的式子记起来吧！

dy=y'dx

同样地，若要找 v 的变化 dv，那就得将它三边的变化加起来。所以：

$$dv= \frac{\partial v}{\partial a}\, da+ \frac{\partial v}{\partial b}\, db+ \frac{\partial v}{\partial c}\, dc$$

dv 这个东西，在数学给它一个名字叫"总微分"或"全微分"。

由上面的例，推到一般的情形去，我们就可以说：

"几个变数的函数，它的全部变化，可以用它的总微分表示，这总微分呢，便等于这函数对于各变数的局部微分的和。"所以要求出一个函数的总微分，必须分次求出它对于每一个变数的局部诱导函数。

九　积分学

数学的园地里，最有趣味的一件事，就是许多重要的高楼大厦，有一座向东，就一定有一座向西，有一座朝南，就有一座朝北。使得游赏的人，走过去又可以走回来。而这些两两相对的亭台楼阁，它们里面的一切结构、陈设、点缀，都互相关联着，恰好珠联璧合，相得益彰。

不是吗？你会加就得会减，你会乘就得会除；你学了求公约数和最大公约数，你就得学求公倍数和最小公倍数；你知道怎样通分的原理，你就也懂得怎样约分；你晓得乘方的法子还不够，必须要晓得开方的法子才算完全。原来一反一正不只是做文章的大道理呢！加法，乘法……算它们是正的，那么，减法、除法……恰巧相应地就是它们的还原，所以便是反的。

假如微分法算是正的，也有和它相反的方法没有呢？

朋友！一点不骗你，正有一个和它相反的方法，这就是积分法，倘使没有这样一个方法，那么我们晓得了一种运动的法则，可以算出它在每一刹那间的速度，遇着有人和我们开玩笑，说出一个速度来，要我们回答他这是什么一种运动，那不是糟了吗？他若再不客气点，还要我们替他算出在某一个时间中，那运动所经过的空间距离，我们怎样下台？

别人假如向你说，有一种运动的速度，每小时总是 5 里，要求它的运动法则，你自然差不多能够不假思索地就回答他：

d=5t。

他若问你，八个钟头的时间，这运动的东西在空间经过了多少长的距离，你也可以轻轻巧巧地就说出是 40 里？

但是，这是一个极简单的等速运动的例呀！碰了不是等速运动的时候，怎样？

倘使你碰着的是一个粗心马虎的阔少，你只要给他一个大致不差的回答，他就很高兴的，那自然什么问题也没有。不是吗？咱们中国人是宽大惯了的，算什么都四舍五入，又痛快又简单。你到过小菜场吗？你看那卖菜的虽是提着一杆秤在称，但那秤总不要它平，而且称完了，买的人觉得不满足，还可任意在篮子里去抓一把来添上。在这样的场合，即使有人问你什么速度什么运动，你很可以随便一点地回答他。其实呢，在日常生活当中，本来用不到什么精密的计算，所以上面提出的问题，若为实际运用，只要有一个近似的解答就行了。

近似的解答，却并不很难找，只要我们能够知道一种运动的平均速度，举一个例，比如，我们晓得一部汽车，它的平均速度，是每小时 40 公里，那么，5 小时，它就"大约"走的是 200 公里。

但是，我们知道了那汽车真实的速度，是常常变动的，我们又想要将它在一定的时间当中所走的路程计算得更精密些，就得要知道许多相离很近的刹那间的速度——一串平均速度。

这样计算出来的结果，自然比前面用一点钟做单位的平均速度来计算所得的，要精确些，我们所取的一串平均速度，数目越多，互相隔开的时间间隔越短，所得的结果，自然也就越精确，但是，无论怎样，总不是真实的情形。

怎样解决这问题呢？

一辆汽车，继续了一个钟头，在一条很直的路上奔驰过去，每一刹间它的速度，我们也知道了。它在一点钟里面所经过的路程，究竟怎样呢？

第一个求近似值的方法：我们可以将一点钟的时间分成每 5 分钟一个间隔。在这十二个间隔当中。每一个间隔，我们都选一个，在一刹那间的真速度。比如说在第一个间隔里，每分钟 v_1 公尺是它在某一刹间的真实的速度；在第二个间隔里，我们选 v_2；第三个间隔里，选 v_3……这样一

直到 v_{12}。

这汽车在第一个五分钟时间内所经过的路程，和 $5v_1$ 公尺相近；在第二个五分钟里所经过的，和 $5v_2$ 公尺相近，以下也可以照推。

它一点钟的时间所通过的距离，就近于经过这十二个时间隔间所走的距离的和，就是说：

$d=5v_1+5v_2+5v_3+\cdots+5v_{12}$。

这个结果，也许恰好就是正确的，但这于我们也没有用，因为它是不是正确，我们就没有法子去确定。一般地说来，它总是和真实的相差不少。

实际上，我们上面的方法，虽则已将时间分成了十二个间隔，但在每 5 分钟这一段里面，还是用一个速度来作成平均速度。虽则这个速度，在某一刹那是真实的，但它和平均速度比较起来，也许太大了或是太小了；跟着，我们所算出来的那段路也说不定会太大或太小。所以，这个算法要得出确切的结果，差得远远呢！

不过，照这个样子，我们还可做得更精细些，无妨将 5 分钟一段的时间间隔再分得更小些，比如说，一分钟一段；那么所得出的结果，即或一样地不可靠，相差的程度总比较小些。就照这样做下去，时间的间隔越分越小，我们用来做代表的速度，也就比较更近于那段时间中的平均速度；我们所得的结果，跟着便更近于真实的距离。

除了这个法子，我们还有第二个求近似值的方法：假如在那一点钟以内，各分钟我们选出的一刹那间的速度是 v_1，v_2，$v_3\cdots v_{60}$，那么这全程的距离 d 便是：

$d=v_1+v_2+v_3+\cdots+v_{60}$。

照这样继续做下去，把时间的段数越分越多，我们所得出的距离近似的程度总是越来也越大。这所经过的路程的值，我们总用项数逐渐加多，每次的数值逐渐近于真实，这样的许多数的和来表示。实际上，每一项都是表示一个很小的时间间隔乘一个速度所得的积。

我们还得将这个法子再讲下去，请你千万不可忘掉，和数中的各项，实际都是表示那路程的一小段。

我们照数学上惯用的假设来说：现在我们想象再将时间的间隔继续

分下去，一直到无限，那么，最后的时间间隔，便是一个无限小的量了，将我们以前已用过的符号来表示，就是 Δt。

我们不要再找什么很小的时间间隔中的任何速度吧，还是将从前所讲过的速度的意义记起来。真是，我们能够将时间间隔无限地分下去，到无限小为止，在这一刹那的速度，依以前所说的，便是那运动所经过的路程对于时间的诱导函数。可见得，这速度和这无限小的时间的乘积，便是一刹那间运动所经过的路程。自然这路程也是无限小的。但是将这样一个一个的无限小的路程加在一起，不就是一点钟真实的总共的路程了吗？不过，道理虽是这样，一说就可以明白，实际要照普通的加法去加，那一点儿动不来手；不但因为相加的数每个都是无限小，还有这加在一起的无限小的数，它的数目，却是数不清的无限大。

一点钟的真实的路程既可以有法子得到，只要将它重用起来，无论多少点钟的真实的路程也可以得到了；一般地说，我们仍然设时间是 t。

照上面看起来，对于每一个 t 的值，我们都可以得出距离 d 的值来，所以 d 便是 t 的函数，可以写成下面的样子：

d=f（t）

换过一句话来说，这就是表示那运动的法则。

归根下来，我们所要找寻的只是将一个诱导函数还原转去的法子。从前是知道了一种运动法则，要找它的速度，现在却是由速度要反回去求它所属的运动法则。从前用过的由运动法则求速度的方法，叫做诱导函数法，所以得出来的速度也叫诱导函数。

现在我们所要找的和诱导函数法正相反的方法便叫"积分法"。所以一种运动在一段时间内所经过的距离 d，便是它的速度对于时间的"积分"。

由前面顺了看下来，你大概已经可以明白"积分"是什么意思了。为了使得我们的观念更清楚一些，用一般习用的名词来说，所谓"积分"就是：

"无限大的数目这般多的一些无限小的量的总和的极限。"

话虽只一句，"的"字太多了，恐怕反而有些眉目不清吧！那么，重来说一次，我们将许许多多的，简直是无法表明白的，一些无限小量，加在一起；但这是不能照平常的加法去加的，所以我们只好换一个法子，求这个总和的极限，这极限便是所谓"积分"。

这个一般的定义虽则我们也能够用到关于运动的问题上面去，但我们现在还能更一般地去研究它。我们只需把已说过的关于速度这种函数的一些话，重复一番就好了。

设若 y 是变数 x 的一个函数，照一般的写法：

y=f（x）。

对于每一个 x 的值，y 的相应值假如也知道了；那么，函数 f（x）对于 x 的积分是什么东西呢？

因为积分法就是诱导函数法的反方法，那么，要将一个函数 f（x）积分，就是无异于说：要另外找一个函数，比如是 F（x），而这个函数不是可以随便拿来搪塞的，必须 F（x）的诱导函数就恰好是函数 f（x）。这正和我们知道了 3 和 5 要求 8，用加法，而知道了 8 同 5 要求 3 就用减法是一般情形，不是吗？在代数里面，我们对于减法精密地、一般地来下定义，就得这样讲："有 a 和 b 两个数，要找一个数出来，它和 b 相加就等于 a，这种方法便是减法。"

前面已经说过的积分法，我们再来举个例看。

我们先选好一段变数的间隔，比如，有了起点 0，又有 x 的任意一个数值。我们就将 0 和 x 当中的间隔分成很小很小的小间隔，一直到可以用 Δx 表示的一步，在每一个小小的间隔里，我们随便选一个 x 的值 x_1，x_2，x_3……

因为函数 f(x) 对于 x 的每一个值都有相应的值，它相应于 x_1，x_2，x_3……的值我们可以用 f（x_1），f（x_2），f（x_3）……来表示，那么这总和就应当是：

f（x_1）Δx+f（x_2）Δx+f（x_3）Δx+……

在这个式子里面 Δx 越小，那就是我们将 OX 分的段数越多，所以它的项数跟着也就多起来，但是每项的数值却小了下去。这样我们不是又可以得出另外一个不同的总和来了吗？假如继续不断地照样做下去，逐次新做出来的和总比它前一次的渐渐地来得精确些。到了极限，这个和就会等于我们所要找的 F（x）。所以积分法，实在是要求一个总和。F（x）是 f（x）的积分，掉过来 f（x）就是 F（x）的诱导函数，由前面的微分的表示法：

dF（x）=f(x)dx　　　　　　　（1）

若把一个 S 拉长了来写成"∫"这个样子。作为积分的符号，那么 F(x) 和 f（x）的关系又可以这样表示：

F（x）= ∫f(x)dx　　　　　　　（2）

第一、第二两个式子的意义虽然不相同，但所表示的两个函数的关系却是一样的，这恰好像说"赵阿狗是赵阿猫的爸爸"和"赵阿猫是赵阿狗的囝囝"一般。意味呢全然两样。但"阿狗""阿猫"都姓赵而且"阿狗"是爸爸，"阿猫"是囝囝，这个关系，在两句话当中总是一样地包含着。

讲诱导函数的时候，先用运动来做例，后来再从数学上的运用去研究它。积分法，除了在知道速度时，去求一种运动的法则以外，还有别的用场没有呢？

十　面积的计算

将前节所讲过的方法拿来运用，再没有比求矩形的面积更简单的例了。比如有一个矩形，它的长是a，宽是b，它的面积便是a和b的乘积，这在算术上就讲过。像下图所表示的，长是6，宽是3，面积就恰好是三六一十八个方块。

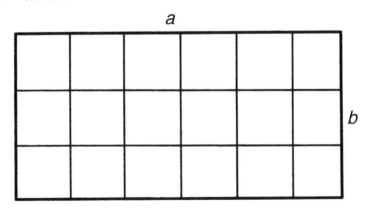

假如这矩形，有一边不是直线——那自然就不能再叫它是矩形——要求它的面积，也就不能照求矩形的面积的方法这般简单，那我们有什么法子呢？

假使我们所要求的是下图中ABCD线所包围着的面积，我们知道AB、AD和DC的长，并且又知道表示BC曲线的函数（这样，我们就可知道 BC 曲线上各点到 AD 线的距离），我们用什么方法，可以求出 ABCD 的面积呢？

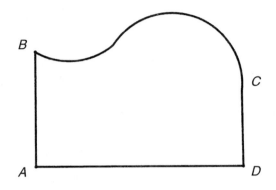

一眼看去，这问题好像非常困难，因为 BC 曲线那样的不规则，真是有点儿不容易对付。但是，你却不必着急，只要应用我们前面已说过好几次的方法，就可以迎刃而解的。一起首，无妨先找它的近似值，再连续地使这近似值渐渐地增加它的近似的程度，直到我们得了精确的值为止。

这个方法，实在非常自然的。前面我们已讨论过无限小的量的计算法，又说过将一条线分了又分直分到无穷的方法，这些方法就可以供我们用来解决一些较复杂较困难的问题。先从粗疏的一步入手，渐渐往前进，便可达到精确的一步。

第一步，简直一点困难都没有，因为我们所要的只是一个大概的数目。

先把 ABCD 分成一些矩形，这些矩形的面积，我们自然已会算的了。

假如 S 的面积，差不多等于 1，2，3，4 四个矩形的和，我们就先来算这四个矩形的面积，用它各自的长去乘它各自的宽。

这样一来，我们第一步所可得到的近似值，便是这样：

$$S = AB' \times Ab + ab \times bd + cd \times df + fD \times CD$$
$$\quad (1) \qquad (2) \qquad (3) \qquad (4)$$

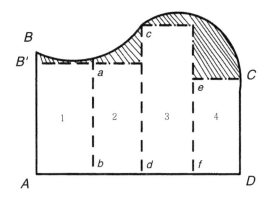

不用说，从上图一看，就可知道，这样得出来的结果相差很远，S 的面积实在要比这四个矩形的面积的和大得多。图中用了斜线画着的那四块，全都没有算在里面。

但是，这个误差，我们并不是没有一点儿法子补救的，先记好表示 BC 曲线的函数是已知道的，我们可以求出 BC 上面各点到直线 AD 的距离。反过来就是对于直线 AD 上的每一点，可以找出它们和 BC 曲线的距离。假如我们把 AD 看作和以前各图中的水平线 OH 一样，AB 就恰好相当于垂直线 OV。在 AD 线上的点的值，我们就可说它是 x，相应于这些点的到 BC 的距离便是 y。所以 AD 上的一点 P 到 BC 的距离实在是一个变数，现在我们说 AP 的距离是 x，AD 上面另外有一点 P'，AP' 的距离是 x'。过 P 和 P' 都画一条垂直线同 BC 相交在 p 和 p_1；pP，p_1P' 就相应地表示函数在 x 和 x' 那两点的值 y 和 y'。

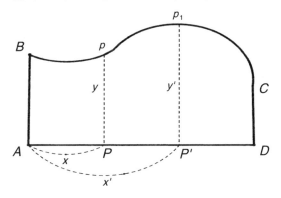

结果，无论 P 和 P' 点在 AD 上什么地方，我们都可以将 y 和 y' 找出来，

所以 y 是 x 的函数，可以写成：

y=f（x）。

这个函数就是 BC 曲线所表示的。

现在，再来求面积 S 的值吧！将前面的四个矩形，再分成数目更多的较小的一些矩形。由下图就可看明白，那些从曲线上画出的和 AD 平行的短线都比较地挨近曲线；而斜纹所表示的部分也比上面的减小了。因此，用这些新的矩形的面积的和来表示所求的面积：

S=1+2+3+…+12，比前面所得的差误就小得多。

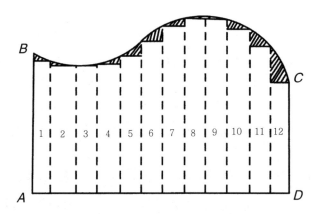

再把 AD 分成更小的线段，比如是 Ax_1，Ax_2，Ax_3……由各点到曲线 BC 的距离设为 y_1，y_2，y_3……这些矩形的面积就是：

$y_1 \times x_1$，$y_2 \times （x_2 - x_1）$，$y_3 \times （x_3 - x_2）$，……

而总共的面积就等于这些小面积的和，所以：

S（近似值）$= y_1 \times x_1 + y_2 \times （x_2 - x_1） + y_3 \times （x_3 - x_2） + $……

若要想得出一个精确的结果呢，只须继续着再把 AD 分得的段数一次比一次的多，每段的间隔一次比一次的短，每次都将各个小矩形的面积的和来表所求的面积；那么，S 和这所得的近似值，它们的差便越来越小了。

这样做下去，到了极限，就是说，小矩形的数目是无限地多，而它们每一个的面积，便是无限地小，这一群小矩形的和便是真实的面积 S。

但是，所谓数目无限的一些无限小的量的和，它的极限，照前节所讲过的，这就是积分。所以我们刚才所讲的例，实在就是积分法的几何

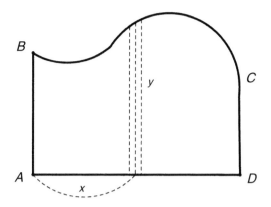

上的运用。

　　所求的面积 S，就是 x 的函数 y 对 x 的积分。换句话说，求一条曲线所切成的面积，必须计算那些连续的近似值，一直到极限，这就是所谓积分。

　　到这里，为了要说明白积分法的原理，我们已举了两个例：第一个，是说明积分法就是微分法的还原；第二个，是表示出积分法在几何学上的意味。将这些范围和形式都不相同的问题的解决法，贯通起来，就可以明白积分法的意义，而且还可以扩张它的使用的范围。不是吗？我们讲诱导函数的时候，也是一步一步地逐渐将它的意义弄明白，同时也就扩张了它的活动的领域；积分法既是它的还原法，自然也可以照样来一下的了。比如说，前面我们只是用它来计算面积，但如果我们要用它来计算体积在原理上，也就全是一样。因为立方柱的体积，我们早就知道它是等于它的长、宽、高相乘的积，假如我们所要求它的体积的那个东西，有一面是曲面，我们就可以先把它分成几部分，照求立方柱的体积的方法，将它们的体积计算出来，然后将这几个积加在一起，这就是第一次的近似值了。和前面一样地，我们可以再将各部分分小下去，求第二次，第三次……的近似值。这些近似值，因为分项数越多，每项的值越小，所以近似的程度就渐次地加高，到了最后，项数增到无限多，每项的值变成了无限小，这些的和的极限，就是我们所求的体积，这种方法就是积分。

十一　微分方程式

在数学的园地中，微分法这一个院落从建筑起来的时候直到现在，它都在尽量地扩充它的地盘，充实它的内容，它真是与时俱进地，越来越繁荣。因了这样，它最初的基础虽很简单，现在，离开那初期的简单的模样，已不知有多远了。它从建始到现在已经是两世纪半，这二百五十来年当中，经过了不少的高明工匠的惨淡经营，便成了现在的蔚然大观。

由很多的数学家，逐渐逐渐地使它开展，一步一步地将它一般化，所谓无限小的计算，或叫作解析数学的这一支，就变成现在的情景：在数学中占了很广阔的地位，关于它的专门研究，以及一切的应用，也就不是一件容易弄清楚的事！

不过，再要进一步去看里面的"西洋景"，这倒很难。不客气点说，还要和以前一般，离开了许多数学的符号，而想讲明白它，那简直是不可能的。因此，只好对不起，关于无限小的计算，我们所可以这般常识地讲一点大意的，也就快收场了。但请你还不要就失望，下面所讲到的，也还是一样的重要。

从我们以前所讲过许多次数的例看起来，所有关于运动的问题，都要用到微分法。因为一个关于运动的问题，它所包含着的，无论已知或未知的条件，总不外是：延续在某一定时间当中的空间的路程，它的速度和它的加速度，而这三个量又恰好由运动的法则和这个法则的诱导函数可以表明。

所以，知道了运动的法则，就可以求出合于这法则的速度以及加速度。现在假如我们知道一些速度以及一些加速度，并且还知道要适合于它们所必须的一些不同的条件，那么，要表明这运动，就只差找出它的运动法则了。

单只空空洞洞地说，总是不中用的，仍然归到切实一点的地步吧。关于速度和加速度，它们彼此中间有什么条件，在数学上都是用方程式来表示，不过这种方程式和代数上所讲的普通方程式有些两样罢了。最大的不同，就是它里面包含着诱导函数这个宝贝，因此，为了和一般的方程式划分门户，我们就喊它是微分方程式。

在代数中，我们有了一个方程式，是要去找出适合于这方程式的数值来，这个数值我们叫它是这方程式的根。

和这个情形相类的，有了一个微分方程式，我们是要去找出一个适合于它的函数来。这里所谓的"适合"是什么意思呢？明白点说，就是比如我们找出了一个函数，将它的诱导函数的值代进原来的微分方程式，这方程式还能成立，那就叫作适合于这个方程式，而这个被找了出来的函数，便称为这个微分方程式的积分。

代数里从一个方程式去求它的根叫作解方程式。对于微分方程式要找适合于它的函数，我们就说是将这微分方程式来积分。

还是来举个顶顶简单的例。

比如有一点，它是在直线上运动着的，它的加速度总是一个常数，这个运动的法则怎样呢？

在这个题目里，设如用 y' 表示运动的加速度，c 代表一个老是不变的常数，那么我们就可以得到一个简单的微分方程式：

$y'=c$。

你记得清楚加速度就是函数的二次诱导函数，所以现在的问题，就是要找出一个函数来，它的第二次诱导函数恰好是 c。

这里的问题，自然是天字第一号容易的，前面已经说过，一种均齐变化的运动的加速度是一个常数，但是若由数字上来找这个运动的法则，那就必须要将上面的微分方程式积分。

第一次，我们将它积分得（设变数是 t）：

y'=ct。

你要问这个式子怎样来的吗？我却不再说了，你看以前的例 y''=c 是从什么一个式子微分来的，就可以知道。

不过在这里有个小小的问题，照以前所讲过的诱导函数法算来，下面的两个式子，都可以得出同样的结果 y''=c：

y'=ct。

y'=ct+a（a 也是一个常数）。

这两个式子恰好差了一项（一个常数），我们总是用第二个，而把第一个当成一种特殊的情形（就是第二式中的 a 等于零的结果）。那么，a 究竟是什么数呢？朋友！对不起，"有人来问我，连我也不知"，我只晓得它是一个常数。

这就很奇怪了，我们将微分方程式积分得出来的，还是一个不完全确定的回答！但是，朋友！这算不来什么！用不着大惊小怪，你在代数里面，解二次方程式时通常就会得出两个根来，若问你哪一个对，你只好说都对，但倘使，你所解的二次方程式，别人还另外给你一个什么限制，你的答案有时就只能容许有一个了。同这个一般的道理，倘使另外还有条件，常数 a 也可以决定是什么一回事的。上面的两个式子当中无论哪一个也还是一个微分方程式，再将这个微分方程式积分一次，所得出来的函数，便表示我们所要找的运动法则，$y=\frac{c}{2}t^2+at+b$（b 又是一个常数）。

无限小的计算，虽则我们所举过的例都只是关于运动的，但物理的现象实在是以运动的研究做基础，所以很多的物理现象，我们要去研究它们，要去发现它们的法则，以及将这些法则表示出来，都离不了这无限小的计算。实际上，除了物理学外，别的科学用到它的地方也非常广阔，天文，化学，这些不用说了，就是生物学和许多社会科学，也要倚赖着它。实际，现在要想走进学术的园地去，恐怕除了做"月姊姊花妹妹"的诗，写"我爱你，你不爱我"的小说，和它不接触的机会总是很少的。

十二　数学究竟是什么

在这一节里，我打算写些关于数学的总概念的话，不过我很踌躇了许久，究竟这些话写了出来会不会比不写出来更坏。现在虽终于写了，但我并不是已经相信得过，写了出来比不写一定是好一些。其实呢，关于"数学的园地"这个题目，要动手写，要这样地写法，就是到了已快要完结的现在，我仍然怀疑。

第一个疑问：谁要看这样的东西？对于数学有兴趣的朋友们，自己走到数学的园地里去观赏，无论怎样，所得到的一定比看完这篇粗枝大叶的文字来得多。至于对于数学没趣味的朋友们，它却已够煞风景了，不是吗？倘然我写的是甲男士遇着了乙女士，怎样倾心，怎样拜倒，怎样追求，无论结果是好是坏，总可惹得一些人的心痒起来；倘若我写的是一位英雄的故事，他怎样热心救同胞，怎样忠于主义，怎样奋斗，无论他成功失败，也可以引起一些人的赞赏、艳慕，数学无论怎样总是叫人头痛的东西，谁喜欢这个？

第二个疑问：这样的写法，会不会反给许多人一些似是而非的概念？

关于第一个疑问，我不想开口再说什么，只有这第二个疑问，却好像应得顾到一下，这才对得起居然肯花费几个钟头来看这篇文字的朋友们！数学是什么？它究竟是什么？

真要回答这个问题吗？对不住，你若希望得到的是一个完全合于逻辑的条件的答案，我却只好敬谢不敏。说句老实话，只要有人回答得上来，我也要五体投地去请教他，而且将他的回答永远刻在我的肺腑里。那么，这里还能够说什么呢？我只想写几个别人的答案出来，这虽然不能使朋友们满意，但从它们也可以知道一点数学的园地的轮廓吧！

远在亚里士多德以前的一个回答，也是所有的回答当中的最通俗的一个，它是这样说的："数学是计量的科学。"

朋友，这个回答你能够满足吗？什么叫作量？量怎样去计算它？假如我们说，测量和统计都是计量的科学，这大约不会有十分大的毛病吧！虽然，它们的最后目的并不是只要求出一个量的关系来，但就它们的手段说，对于量的计算，比较还来得直接些呢。因此，到了孔德（Auguste Comte）就将它改变了一下："数学是间接计量的科学。"

他要这样加以改变，并不是为怕和测量、统计这些相混。实在有许多量，是无法直接去测定或计算的；比如天空中闪动的星的距离和大小，比如原子的距离和大小，一个大得不堪，一个小得可怜，我们这些笨脚笨手的人，都是没法直接去量它们的。

这个回答虽已进步了一点，它就能令我们满意吗？量是什么东西，这还是须得要解释。这且不去管它，我们姑且照常识的说法，给量一个定义，不过，就是这样，到了近代，数学的园地里增加了一些稀奇古怪的建筑，它也不能包括进去了。在那广阔的园地里面，有些新的亭楼树立着的匾额，是什么群论咧，投影几何咧，数论咧，逻辑的代数咧……这些都和量绝缘的。

孔德的回答出了漏洞，于是又有许多人来加以修正，这要一个一个地列举出来，当然不可能，随便举一个，即如皮尔士（Peirce）："数学是引出必要的结论的科学。"他这个回答，自然包括得宽广些了，但是也还有问题，所谓"必要的结论"是一个什么玩意儿呢？这五个字这样地排在一起，它的意思就非加以解释不可了，然而他究竟怎样解释法，照他的解释能不能说明数学究竟是什么，这谁也不知道。

还有，从前数学的园地里面，都只是尽量地在各个院落中增加建筑，培植花木，即或另辟院落，也是向着前面开阔的地方去动手，近来却有些工匠异想天开地，在后面背阴的地方要开一条大道通到隔邻的逻辑的园地去。他们努力的结果，自然已有相当的成绩，但把一座数学的园地弄得五花八门，要给它说明更是困难了。终于弄得，对于我们所期待着回答的问题，回答得越多，越"糊涂"。罗素更巧妙，简直和开玩笑一般，他说：

"Mathematics is the subject in which we never know what we are talking about nor whether what we are saying is true."

我不翻译这句话了，假如你真要我翻译，那我想这样译法："有人来问我，连我也不知。"你大约晓得这两句话的来路的吧！

数学究竟是什么？我所想举出的回答，只有这样多。不是越说越惝恍，越不像样了吗？是的！但虽不能够简单地说明它，也就说明了它的一大半了！研究科学的人最喜欢给他所研究的东西下一个定义，所以冠冕堂皇的科学书，翻开来第一页第一行就是定义，而且这些定义也差不多有一定的形式，用中国话说便是"某某者研究"什么什么"的科学也"，若要写个"洋文"调，就便举英文，那便是"X is the science which Y"。这一来，无论哪一个花了几毛钱或几块钱将那本书买到手，翻开一看，就非常高兴，不要五分钟，便可将书放到箱子里去，说起那一门的东西，自己也就可以回答得出它讲的是什么。然而，这简直和卖膏药的广告没有多大两样。只要你真把那本书读完，你就可以看出来，第一页第一行的定义简直是前几年的中交票，只好限制兑现的票。若是你多跑些地方，你还可以知道那钞票就有些中交两行的分行也拒绝收用。

朋友！这不是什么毛病，你一点儿用不着失望！假如有一门科学，已经可以给它下一个悬诸国门不能增损一字的定义，它也就算完事了；这正和一个人可以被别人替他写享年几十有几岁一般，不怕就是享年一百二十岁，他总已躺在棺材里了。一天一天地还能吃饭、睡觉的人，不能说他享年若干岁，一时一刻进步不止的科学，也没有人能说明它究竟是什么东西！越是身心健全的人，越难推定他的命运，越是发展得旺盛的科学，越难有确定的定义。

不过，我们将这正面丢开，暂且不谈，掉转方向探究，数学的性质好像有一点是非常顶特别的,就是喜欢用符号。有了0,1,2…9十个符号,又有了"+""−""×""÷""="五个符号,便能记通常的数。而且计算它们,单是用加、减、乘、除,计算不便当,我们又画一条线来隔开两个数,说一个是分母,一个是分子,这一来就有分数的计算,接连下去,在运算方面我们又有比例的符号,在记数方面我们有方指数和根指数,对于数的记法,这还是就算术说,到了代数,你已经知道符号更多了,到了微积分,其实也不过多几个符号而已。

数学的叫人头痛,大约就是这些符号在作怪,你把它们看得活动吗,那真活动,x 在这个方程式代表的是人的年龄,在那个方程式就会代表乌龟的脑袋,但是你要把它看得呆吗,那它真够呆,对了它看三天三夜。x 还只是 x,你解不出那方程式,它一点不来帮你的忙,也许它还在暗中笑你蠢。

所谓数学家也者,依我说,就是一些能够支使符号的人物,他们写在数学书上的东西,说高深,自然是高深,真有些是不容易懂的,但假如不许他们用符号,他们就只好一筹莫展了!

所以关于数学的东西,真要说个透彻,离了符号,简直无办法,你初学代数的时候,总很有些日子,对于a,b,c,x,y,z,想不通的,觉得它们和你用惯的1,2,3,4……有些两样。自然,说它们完全一样,是有点靠不住,你去买白菜,说要 x 斤,别人只好鼓起两只眼睛瞪着你;但你用惯了,你做起题来,也就不会感到它们的差别有怎样的了不起。

数学就是这么一回事,这篇文章里,虽则尽量地避去符号的运用,但只是为了对于不喜欢或是看不惯符号的朋友说一些数学的概念,所以有些非多用符号不可的东西,只得不说了!

朋友!你假若高兴,多在数学的园地里白相相的话,请你多多练习使用符号的能力。你见到一个人直立着,两手正向左右平伸的时候,你不要联想到那是钉死耶稣的十字架,你就想象他的两臂恰好是水平线,他的身体恰好是垂直线。假如碰巧有一只苍蝇从他的耳边斜飞到他的手上,那更好,你就想象它是一点在那里动,它飞过的路,便是一条曲线。这条曲线表示一个函数,可以求它的诱导函数,又可以求这诱导函数的诱导函数,这就是苍蝇飞行的速度和加速度了!

十三　总集论

　　科学的进展，有一个共通而富于趣味的倾向，这就是，每一种科学诞生以后，科学家们便拼了命使它向前发展，正如大获全胜的军人遇着敌人总要穷追到山穷水尽一般。穷追的结果，自然总可以得到不少的战利品，但后方空虚，却也是很大的危险。一种科学发达到相当的程度，再要往前进取，总不如早前的容易，这是从科学史上可以见到的。因为前进感到困难，于是便有些人自然而然地会疑心到它的根底上面去，这一来，就要动手考查它的基础和原理了。前节不是说过吗？在数学的园地中近来就有人在背阴的一面去开垦。

　　一种科学，恰好和一个人一样，年轻的时候，生命力旺盛，只知道照着自己的浪漫的思想往前冲，结果自然进步非常快。在这种时期谁还有那么从容的工夫去思前想后，回看一看自己的来路和家属呢？这样地奋勇前进，只要不碰壁绝不愿掉头的。一种科学从它的几个基本原理或法则建立的时候起，科学家努力的结果总是替它开辟领土，增加实力，使它光荣，使它傲然自大。

　　然而，上面越阔大，下面的根基更非牢固不可，不然头重脚轻，岂不要栽跟头吗？所以，科学园地中的营造，到了一个范围较大、内容较繁的时候，建筑师们对于添造房屋就逐渐慎重、踌躇起来了。倘使没有确定它的基石牢固到什么程度，扩大的工作便不敢贸然地动手。这样，开始将他们的事业转一个方向去进行：将已成的工作全部加以考查，把所有的原理拿来批评，将所用的论证拿来估价，很仔细地去证明那些用惯了的、极简单的命题。他们对于一切都怀疑，若不是重新经过更可靠、更明确的方法证明那结果并没有差异，即使是已经被一般人所承认的，他们也不敢遽然相信。

一般地说来，数学的园地里面的建筑都比较稳固，但是许多工匠也怀疑它而开始加以根底的考查了。就是大家都不疑心的已得到的结果的简单的证明，也不一定就可以直信而不容疑。因了推证的不完全或演算的错误，不免会混进一些错误到科学里面去的；重行考查，实在有这个必要。

将已用惯的原理重加考订，为了使科学的基础愈加稳固，这是非常重要的工作。无论是数学或别的科学，它的进展中总常常加添些新的意义进去，而所以加添进去的动力又大半是全凭直觉。因此就很有些是若加以严格地加限定，就变成不可能的了。比如说，一个名词的定义，在我们最初规定它的时候，总是很小心、很精密的，我们也觉得它是很完全、很可满足了。但是用来用去，跟着它所解释的东西，不自觉地，它就逐渐变化，结果简直会和它的本来的意义大相悬殊。我来随便举一个例，在逻辑上讲到名词的多义的时候，就一定讲出许多名词，它的意义逐渐扩大，而许多又逐渐缩小，这只要你肯留心，随处都可找到的。"墨水"，顾名思义当然是说把黑的墨溶在水中的一种液体，但现在我们却常在口上说红墨水、蓝墨水、紫墨水等，这样一来，墨水的意义已全然改过，我们对于旧日用惯的那一种，倒要另替它取个名字叫黑墨水。墨本来是黑的，但事实上却不能不在它的上面加一个形容词"黑"，可见现在我们口里所说的墨，已不一定含有"黑"这个性质了。日常生活上的这种变迁，在科学上也是不能全免的，不过没有这么明显没有这么厉害罢了。

其次说到科学的法则，我们初建立它的时候，总觉得它若不是绝对的，而是相对的，在科学上的价值，就不大。但是我们真能够将一个法则拥护着，使它永远享有绝对的力量吗？所谓科学上的法则，它是根据了我们所观察的或实验的结果归纳得来的。人力总只有这般大，哪能尽所有的事物都观察到或实验到呢？因此，我们所不曾观察到和实验到的那一部分，也许就是我们所认为绝对的法则的死对头。科学是要承认事实的，所以科学的法则，就有时会碰着例外。

我们还是来举例吧！在许多科学常用的名词中，有一个，它的意义究竟是怎样，非常不容易严密地规定的，这就是所谓"无限"。

抬起头望天空，白云的上面还有青色的云，有人问你天外是什么，你只好回答他"天外还是天，天就是大而无限的"。他若不懂，你就要回答，天的高是"无限"。暗夜看闪烁的星球挂满了天空，有人问你它们究竟有多少颗，你也只好说"无限"。然而，假如问你"无限"是什么意思呢？你怎样回答？你也许会这样想，就是数不清的意思。但我却要和你纠缠来了。你的眉毛你数得清吗？当然是数不清的。那么你的眉毛是"无限"的吗？"无限"和"数不清"究竟不全然一样，是不是？所以在我们平常用"无限"这个词时，实在含有一个不能理解，或者说不可思议的意思。换句话说就是超越于我们的智力以上的，简直是我们的精神的力量的极限。要说它奇怪，实在比上帝和"无常"还奇怪，假如真有上帝，我们知道他会造人，知道他会奖善罚恶，而且我们还可想象他的样子的一个大概，因为人是照他的模样造出来的。至于"无常"，我们知道他很高，知道他戴着高帽子，知道他穿着白衣服，知道他只有夜晚敢出来，知道他无论天晴下雨手里总拿着一把伞，呵！这是鬼话，上帝无常我都不曾见过，但是无论哪个说到他们，还可以说得出点眉目，至于"无限"，有谁能描摹他一句呢？

"无限"真是一个神奇的东西，通常说话固然用到它，文学上、哲学上也用到它，科学上那就更不用说了。不过，平常说话，本来全靠彼此心照，认不来许多真，所以马虎一点满不在乎。就是文学上，也没有要还出一个精确的意思的必要，文学的作品里面，原来十有八九是诳账，"白发三千丈"，李太白的个儿究竟有多高？但是在哲学上，就因它的意义不明常常出岔子，在数学上也就时时生出矛盾来。

数学的园地中，各色各样的东西，虽然大都弄得眉目很清楚，只有这"无限"，我们却被它征服了，立在它的面前，总免不了要头昏眼花，多么神秘的东西呵！它是！

虽是这样，数学家们还是不甘屈服，总要探索它一番，这里便打算大略说一说，不过请先容许我来绕一个小弯子。

这一节的题目是"总集论"，我们就先来说"总集"这个词，在这里的意义。比如有些相同的东西或不相同的东西在一起，我们只计算它的件数，不管它们究竟是些什么，这就叫它们的"总集"。比如你的衣服袋里，放得有三个"袁头"、五只"八开"和十二个铜子，不管三七二十一，我们只数它叮叮当当响着的一共是二十个，这个二十就称为含有二十个单元的总集。至于这单元的性质我们却不去问它。又比如你在课堂上坐着，同一个课堂里，有男同学、女同学和教师，比如教师是一个、女同学是五个、男同学是十四个，那么，这个课堂里教师和男女同学的总集，恰好和你衣袋里的钱的总集是一样的。

朋友！你也许正要打断我的话头，向我诘问了吧！这样混杂不清的数目有什么用呢？是的，当你学算术的时候，你的先生一定很认真地告诉你，不是同种类的量不能加在一起，三个男士加五个女士得出八来，非男非女又有男又有女，这是什么话？两个"袁头"加四只"八开"得出了六，这又算什么？算术上所以总叫你处处小心，不但要注意到量要同种类而且还要同单位才能加减。到了现在我们却不管这些了，这有什么用场呢？

它的用场吗？真是大极了！我们就要由它去窥探那我们所难理解的"无限"。其实，你会起那样的疑问，实在由于你太认真而又太不认真的缘故。你为什么把"袁头"、"八开"、铜子、男、女、学生、教师的分别看得那般重大呢？你为什么不从根本上去想一想，"数"本来只是一个抽象的概念呢？我们只管到这抽象的数的概念的时候，你的衣袋里的东西的总集和你课堂里的人的总集，不是一样的吗？假如你的衣袋的钱，你并不是预备拿去买什么吃食的，你只用它来记一个于你关系很重要的数，那么，它不是很够资格了吗？"二十"这个数就是含有二十件单元而不管它们的性质，所得出来的"总集"。

数的发生可以说是由于比较，所以我们就来说"总集"的比较法。比如有两个总集在这里，一个含有十五个单元，我们用个符号表示它，E15，另外一个含有十个单元，用符号表示它就是E10。

现在来比较这两个"总集"：对于E10当中的各个单元，都从E15

当中取一个来和它成对，这是可以做得到的，是不是？但是，假如要掉一个头，对于 E15 当中的各个单元都从 E10 当中取一个来和它成对，做到第十对，就做不下去，只好停止了。可见得，掉一个头是不可能的，在这种情形的时候，我们就说：

"E15 超过 E10。"或是说：

"E15 包含 E10。"或者说得更文气一些：

"E15 的次数高于 E10 的。"

假如另外有两个总集 Ea 和 Eb，我们虽然"不知道 a 是什么"，也"不知道 b 是什么"，但是我们不单只能够对于 Eb 当中的每一个单元，都从 Ea 取一个来和它成对。而且还能够对于 Ea 当中的每一个单元都从 Eb 中取一个来和它成对；我们就说，这两个总集的次数是一样，它们所含的单元的数相同；也就是 a 等于 b。前面不是说过你衣袋里的钱的总集和你课堂里的人的总集一样吗？你可以从衣袋里将钱拿出来每人都给他一个；反过来，每个钱也能够都不落空被一个人拿了去；这就可以说这两个总集一样，也就是你的钱的数目和你课堂里的人的数目相等了。

我想来，你看了这几段一定会笑得换不过气的，这样简单明了的东西，还值得这么当成一回事地说吗？不错。E15 超过 E10，E20 和 E20 一样，三岁大的小孩子也就知道的。但是，朋友！你别忙啦！这只是用来做例，说明白我们的比较法。因为数目简单，两个总集所含单元的数，你通通都知道了，所以觉得很容易，但是这个比较法，就是对于不能够知道它所含的单元的数的也可以使用。我再来举几个通常的例，然后归到数学的本身上去。

你在学校里，口上总常讲"师生"两个字，耳朵里不用说也常听到的。"师"的总集和"生"的总集（不只就一个学校说）就不一样，究竟合古今中外数起来，"师"的总集和"生"的"总集"是什么，没有哪一个人回答得出来；然而我们却可以想得到每一个"师"都给他一个"生"要他完全负责任这是可能的。但若要每一个"生"都替他找一个专一只对他负责任的"师"那就不可能了。所以这两个总集不一样；实在我们就可以说"生"的总集的次数高于"师"的总集的。再要举例，比如父和子，比如长兄和弟弟，又比如伟人和丘八，这些两个两个的总集都不一样。要找一个总集相等的例么,那就是夫妻俩,虽然我们并不知道全世界有多少个丈夫和多少个妻子,但有资格被称为丈夫的总必须有一个妻子伴着他(小老婆我们在这里不算她和男子是夫妻关系)。反过来,有资格被人称为妻子的,也必有一个丈夫伴着她;所以无论从哪一边说,"一对一"的关系都能成立。

好了!来说数学上的话,来讲关于"无限"的话。

我们来想象一个总集,含有无限个单元的,比如整数的总集:1,2,3,4,5…n,(n+1)……

这是非常明白的,它的次数比一切含着有限个数单元的总集都高。我们现在要紧的是将它来和别的无限总集比较,就用偶数的总集吧:

2,4,6,8,10…2n,(2n+2)……

这就有些趣味了。照我们平常的想法,偶数只占全整数的一半,所以整数的无限总集当然比偶数的无限总集,次数要高些。不是吗?十个连续整数中,只有五个偶数,一百个连续整数中也不过五十个偶数,就是一万个连续整数中也还不过五千个偶数,总归只有一半;所以要成功"一对一"的关系,似乎有一面是不可能的。然而,你错了,你不好单就有限的数目去想,我们现在是在比较两个无限的总集呀!"无限"总有些奇怪的!我们试将它俩一个对一个地排成两行:

1,2,3,4,5…n,(n+1)……

2,4,6,8,10…2n,(2n+2)……

因为两个都是"无限"的缘故,自然我们不能把它们通通都写出来。但是我们已经可以看得出来,第一行有个数,只要用2去乘它就得出第二行中和它相对的数来。掉一个头,第二行中有一个数,只要用2去除它,也就得出第一行中和它相对的数来,这个"一对一"的关系不是无论用哪一行做基础都可能吗?那么,我们有什么权力来说这两个无限总集不一样呢?

整数的无限总集,因为它是无限总集中我们最容易理解的一个;又因为它可以由我们一个一个地举出来(虽然永远举不尽),所以我们替它取一个名字叫"可枚举的总集"(L' ensemble dé-nombrale)。我们常常用它来做无限总集比较的标准,凡是次数和它相同的无限总集,都是"可枚举的无限总集"——我们单凭直觉也就可以断定，整数的无限总集在所有的无限总集当中它是次数顶低的一个，它可以被我们用来作比较的标准，也就是这个缘故。

究竟无限总集当中，有没有次数比这个"可枚举的无限总集"更高的呢？我可以很爽快地回答你一个"有"字。不但是有，而且我们想要多少就有多少。从这个回答，我们就已对于"无限"算是有些认识，不和以前一般地模糊了。这个回答，我供认不讳地向你说，我也是听来的，最初提出它来的，是康托尔（Cantor）。这已是三十多年前的事了。在数学界中，他真是值得我们崇敬的人物，他所创设的总集论，不但在近世数学中占了很珍贵的几页，还开辟了数学进展的一条新路径，使人不得不对他铭感五腑！

人间的事，说来总有些奇怪，无论什么，不经人道破，大家便很懵懂，但有人一凿穿，顿时人人都聪明了。在他以前，我们只觉无限就是无限，吾生也有涯，总归弄它不清楚就不了了之。但现在想起来，实在有些可笑，无需什么证明，我们有些时候也能够觉到，无限总集是可以不相同的。

又来举个例：比如前面我们所用来决定点的位置的直线，从 0 点起尽管伸张出去，它所包含的点，就是一个无限总集。随便想去，我们就会觉得它的次数要比整数的无限总集的高，而从别的方面证明起来，也承认了我们所觉到的并没有错，这样说来，我们的直觉很是一个可信赖的了。但是，朋友！你不要太乐观呀，在别的时候，纯粹的直觉就会叫你上当的。

你不相信吗？比如有一个正方形，它的一边是 AB。我问你，全个正方形内的点的总集是不是比单只一边 AB 上的点的总集，他的次数要高些呢？凭了我们的直觉，总要给它一个肯定的回答的，但这次你上当了，仔细去证明，它们俩的次数却恰好只是相等。

总结以上的话，你记好下面的一个基本的定理：

"若是有了一个无限总集，我们总能够做出一个次数比它高的来。"要证明这个定理，我们就用整数的总集来做基础，那么，所有可枚举的无限总集也就不用再证明了。为了说明简单些，我只随意再用一个总集。

照前面说过的，整数的总集是这样：

1，2，3，4，5…n，（n+1）……

就用 E 代表它。

凡是用 E 当中的单元所做成的总集，无论它所含的单元的数有限或无限都称它们为 E 的"局部总集"，所以：

17，25，31

2，5，8，11…2+3（n-1）……

1，4，9，16…n^2……

这些都是 E 的局部总集，我们用 p_n 来代表它们。

第一步，凡是用 E 的单元所能够做成的局部总集，我们都将它们做尽。

第二步，我们就来做一个新的总集 C，C 的每一个单元都是 E 的一个局部总集 P_n，而且所有 E 的局部总集全都包含在里面。这一来，C 便成了 E 的一切局部总集的总集。

你把上面的条件记清楚，我们已来到要证明的重要地步了。我们要证明 C 的次数就比第一个总集 E 的高。为了这样，我们还重复说一次比较两个总集的法则，你务必也要将它记好。

我们必须要对于 E 的每一个单元都能从 C 的当中取一个出来和它成对。实际上只要依下面的方法配合就够了：

    1，   2，   3，…n，……（E）

（1，2）（2，3）（3，4）…（n，n+1）……（C 的一部分）

从这样的配合法，因为第二行实在只用到 C 单元的一部分，这是很容易知道明白的 C 的次数或是比 E 的高或是和 E 的相等。

我们能不能够转过头来，对于 C 当中的每一个单元都从 E 当中取出一个和它成对呢？

假如能够做得到，那么 E 和 C 的次数是相等的。

假如不能够，那么，C 的次数就高于 E 的。

我们无妨就假定能够做得到，看会碰钉子不会！

算这种配合法是可以有的，我们就随便一对一对地将它们配合起来，写成下面的样子：

P_1，P_2，P_3…P_n……（C）

1，2，3… n……（E）

　　单就这两行看，第一行是所有的局部总集，就是所有 C 的单元都来了（因为我们是要这样做的）。第二行我们却说不定，也许是一切的整数都有，也许只有一部分。因为我们是对了第一行的单元取出来的，究竟取完了没有，还说不定。

　　这回，我们来一对一地检查一下看，先从 P_1 和它的对儿 1 起。因为 P_1 是 E 的局部总集，所以包含的是一些整数，现在 P_1 和 1 的关系有两种：一种是 P_1 里面有 1，一种是 P_1 里面没有 1。假如 P_1 里面没有 1，我们将它放在一边。接着来看，P_2 和 2 这一对，假如 P_2 里就有 2，我们就把它留着。照这样子一直检查下去，把所有的 P_n 都检查完，凡是遇着整数 n 不在它的对儿当中的，都放在一边。

　　这些检查后另外放在一边的整数，我们又可做成功一个整数的总集。朋友！这点你却要注意，一点马虎不得了！我们检查的时候，有些整数因为它的对儿里面已有了，它所以没有放出来。由此可以见得我们新做成的整数总集不过包含整数的一部分，所以它也是 E 的局部总集。但是我们前面说过，C 的单元是 E 的局部总集，而且所有 E 的局部总集全部包含在 C 的里面了。所以这个新的局部总集也应当是 C 的一个单元。用 P_t 来代表这个新的总集，P_t 就应当是第一行 P_n 当中的一个，因为第一行是所有的单元都排在那儿的。

　　既然 P_t 已经应当站在第一行里了，就应当有一个整数或是说 E 的一个单元来和它成对。

　　假定和 P_t 成对的整数是 t。

　　朋友！糟了！这就碰钉子了！你若还要硬撑场面，那么再做下去。

　　在这里我们又有两种可能的情况：

　　第一种：t 是 P_t 的一部分。但是这却真碰钉子了。P_t 所包含的单元是在第一行中成对的单元所不包含在里面的整数，而 P_t 就是第一行的一个单元，这不是矛盾了吗？所以 t 不应当是 P_t 的一部分，这就到了下面的情况。

　　第二种：t 不是 P_t 的一部分。这可能把钉子避开呢？不行，不行，还是不行。P_t 是第一行的一个单元，t 和它相对又不包含在它的里面，我们检查的时候，就把它放在一边了。朋友，你看，这多么糟。t 既被我们检查的时候放在一边，而 P_t 就是这些被放在一边的整数的总集，结果 t 就应当是 P_t 的一部分。

这多么糟！照第一种说法，t 是 P_t 的一部分，不行；照第二种说法，t 不是 P_t 的一部分也不行。说去说来都不行，只好回头了，在 E 的单元当中，就没有和 C 的单元 P_t 成对的。朋友，你还得注意，我们将两行的单元配对，原来是随意的，所以要是不承认 E 的单元里面没有和 P_t 配对的，这种钉子，无论怎样我们都得碰。

第一次将 E 和 C 比较已知道 C 的次数必是高于 E 的或等于 E 的。现在比较下来，E 的次数不能和 C 的相等，所以我们说 C 的次数高于 E 的。

归到最后的结果，就是我们前面所说的定理已证明了，有一个无限总集，我们就可做出次数高于它的无限总集来。

无限总集的理论，也有一个无限的广场展开在它的面前！

我们常常都能够比较这一个和那一个无限总集的次数吗？

我们能够将无限总集照它们次数的顺序排列吗？

所有这一类的难题目以及其他关于"无限"的问题，都还没有在这个理论当中占有地盘。不过这个理论既已经具有相当基础，逐渐往前进展，这些问题总有解决的一天。毕竟我们现在对于"无限"已用不到和从前一般地只是感到惊奇不可思议了！

老实说，数学家们无论对于做这个理论的基础的一些假定，或是对于从里面寻出来的一些悖论的解释都还没有全部的理解。

然而，这我们一点用不到吃惊，一种新的理论的产生正和一个婴儿的诞生一样，要他长大做一番惊人的事业，养育和保护，都少不了！